Schrader-Motor-Chronik

Hanomag Schlepper

1912 – 1971

HANOMAG
HANOMAG
WD
HANNOVER-LINDEN

Schrader-Motor-Chronik

Hanomag Schlepper

1912 – 1971

Eine Dokumentation von Horst-Dieter Görg

Schrader Verlag

Eine Haftung des Autors oder des Verlages und seiner Beauftragten für Personen-, Sach- und Vermögensschäden ist ausgeschlossen.

ISBN 3-613-87160-2

Ein Unternehmen der Paul Pietsch Verlage GmbH + Co
2. Auflage 1998

Lektorat: Halwart Schrader
Herstellung: Stefanie Götz
Repro: Repro Schmid, 70469 Stuttgart
Druck: Gulde-Druck, 72070 Tübingen
Bindung: K. Dieringer, 70839 Gerlingen
Printed in Germany

HANOMAG
HANOMAG

Inhalt

Vorwort

Das Interesse an der deutschen Nutzfahrzeuggeschichte nimmt allgemein zu. Der Markenname Hanomag hat in ihr einen wichtigen Platz, und diese Dokumentation – der durchaus weitere folgen könnten – wird sicher einen nützlichen Beitrag leisten, bestehende Informationslücken zu schließen, wenngleich die traditionsreiche Hanomag-Geschichte hier auch nur in Ausschnitten wiedergegeben werden kann. Die in diesem Rahmen zusammengestellten historischen Werbemittel sind eine Art Spiegel des Aufstiegs und auch des Niedergangs eines wichtigen Produktionszweiges der einstigen Firma Hanomag, deren Name heute nur mehr im Baumaschinenbereich des japanischen Komatsu-Konzerns weiterlebt. Horst Jobst, einem ehemaligen Kundendienst-Mitarbeiter bei Hanomag, möchte ich an dieser Stelle Dank sagen für die Mühe, der er sich unterzog, alle Angaben auf historische Korrektheit zu prüfen.

Horst-Dieter Görg,
Hildesheim

HANOMAG
1954 der meistgekaufte Schlepper Deutschlands!
1955 auch Ihr Helfer!
HANOMAG Combitrac
Schlepper für jede Betriebsgröße 12-90 PS · Geräte für jede Arbeit!

Typische Werbeanzeige aus den fünfziger Jahren.

Der Name Hanomag bedeutet »Hannoversche Maschinenbau Aktiengesellschaft«. Bereits viele Jahrzehnte vor der Jahrhundertwende stand er für eine der berühmtesten Lokomotivenfabriken Europas. »Als Sonderzweig wurde im Jahre 1912 der Bau von Motorpflügen, Bauart Wendeler-Dohrn, aufgenommen. Der Vertrieb dieser Kraftpflüge erfolgt durch die Deutsche Kraftpfluggesellschaft m. b. H., Berlin W., Kurfürstenstraße 56« – so begann im Dezember 1913 ein Bericht in den Hanomag-Nachrichten über die Aufnahme des Hanomag-Motorpflugbaus, der den Beginn eines neuen Produktionszweiges signalisierte: Landmaschinen.
Mit dem 1919 ebenfalls für dieses Einsatzgebiet konzipierten Raupenschlepper wurde kurze Zeit danach auch der Grundstock für die Fertigung von Baumaschinen geschaffen, die aber nicht Gegenstand dieses Buches sind.
Bis zum Ende des Schlepperbaus im Jahre 1970 und dem noch ein weiteres Jahr laufenden Abverkauf der fertigen Landmaschinen wurden – verteilt über knapp 60 Jahre – rund 200 verschiedene Modelle in insgesamt ca. 250.000 Einheiten gefertigt, Zugmaschinen eingeschlossen. Gerade die Mechanisierung kleiner bäuerlicher Betriebe wurde in den fünfziger und sechziger Jahren maßgeblich von Hanomag-Schleppern geprägt.
In die Zeit des Schlepperbaus bei Hanomag fallen enorme technische Entwicklungsschritte; sie begannen bereits mit dem Motorpflug und den ersten Kettenschleppern. Erwähnt seien aber auch die ab 1924 gebauten WD-Schlepper (WD stand für die Namen der Techniker und Erfinder Wendeler und Dohrn), bereits ab 1931 mit Dieselmotor ausgerüstet, ferner der frühzeitige Einsatz von Luftreifen. Die Nachkriegsgeneration ab 1950 wartete mit Hydraulik und Frontlader auf; dann setzte sich ab 1953 der vielseitig einsetzbare Geräteträger (bei Hanomag Tragschlepper genannt) im Combitrac-Programm durch. Antischlupf gab es bereits 1955, erste wirksame Lärmdämpfung 1958. Zum Schluß sorgte das strenge, bis heute zum Beispiel von Fendt noch verwendete Design für neue Maßstäbe, ebenso der Einsatz der Allradtechnik – eine breite Palette von Innovationen.
Georg Egestorff (1802 - 1868), der die Maschinenfabrik und Eisengießerei 1835 in Linden »vor Hannover« gründete, hatte bereits 1842 – noch höchstpersönlich – eine Rechnung über 22 Goldgulden für eine Pflugschar quittiert. Auch ein handgeschriebenes Preis-Courant (Angebot) über Lokomobilen und Dampfdreschmaschinen aus dem Jahre 1863 existiert noch und zeugt von frühen Aktivitäten des Unternehmens mit landwirtschaftlichen Geräten.
1912 begannen die ersten von Hanomag gebauten Motorpflüge dem schwerfälligen Dampfpflug Konkurrenz zu machen. Diese sogenannten Tragpflüge – zwischen ihren 2,20 m hohen Triebrädern in der Mitte und einem am Rahmenende liegenden, deutlich kleineren Lenkrad war der Pflugrahmen mit fünf bis sechs schweren Pflugschaaren aufgehängt – prägten gut ein Jahrzehnt die Mechanisierung der Landwirtschaft.
Ausgestattet mit einem weit vorgebauten 15-Liter-Benzinmotor von 80 PS, ließen sich mit diesem Gerät je nach Bodenschwere sechs Hektar in zehn bis zwölf Stunden pflügen. In Frankreich, Polen, Galizien, Rumänien, in der Türkei und in Südamerika taten solche Hanomag-Tragpflüge ihre Arbeit.
Und nicht nur in diesen Exportländern, sondern im Rahmen der Kolonialpolitik des Kaiserreiches anfangs auch viel in Afrika eingesetzt, fanden die Motorpflüge (ab 1921 gab es auch einen Kleinpflug) nach dem Ende des Ersten Weltkrieges in Deutschland ebenfalls ihren privaten Markt. »Führerkursus für WD-Motorpflüge« lautete die Überschrift für Mitteilungen der Hanomag AG in den Hanomag-Nachrichten vom Juli 1919, wo der angehende Pflugführer innerhalb von drei Wochen auf das Bedienen und Warten eines Motorpfluges ausgebildet wurde.
Aus diesen bescheidenen Anfängen entwickelte sich ein internationales Schulungs- und Kundendienstnetz, das entscheidend dazu beitrug, der Firma Hanomag auch im Schlepperbau Weltgeltung zu verschaffen. Hervorgehoben sei in diesem Zusammenhang das Engagement in Argentinien, dem in den fünfziger Jahren wichtigsten Exportmarkt (1950: 23,6 Prozent aller Ausfuhren), wo Hanomag von 1954

bis 1969 in Rosario sogar ein eigenes Tochterunternehmen mit zeitweiliger Fertigung betrieb.
Sehr früh wurde die Leistungsfähigkeit und Wirtschaftlichkeit des Dieselmotors erkannt und von den Ingenieuren in Hannover umgesetzt. Robuste und wartungsfreundliche Motoren wie der D 52, D 57, D 85 oder D 28 unterstrichen mit ihrer Zuverlässigkeit den langen Siegeszug der Hanomag-Schlepper auf vielen Märkten. Ein Erfolg, der 1970 ein abruptes Ende fand.
Die weiter oben erwähnten Innovationen beleuchten eigentlich nur den Schlußpunkt einer Jahrtausende alten Entwicklung, in deren Verlauf der Landwirtschaft betreibende Mensch mit technischen Hilfsmitteln versuchte, seinen Anteil körperlicher Arbeit zu verringern.
Schon vor der Jahrhundertwende hatte dieses Bemühen einen ersten Höhepunkt erreicht, als ein im Umfang allmählich zunehmender Gerätepark den Pferdegespannbetrieb ablöste. So setzte man zunächst auch die neu aufkommenden Kraftquellen – Dampfmaschine wie Schlepper – quasi als Ersatz für Zugtiere ein, indem der Bauer sie vor die Geräte spannte, die vorher von Pferden, Ochsen oder Arbeitskühen gezogen worden waren. Eine Ausnahme machten vielleicht die Tragpflüge, die wir mit unseren heutigen Begriffen als Urformen der Tragschlepper oder der Geräteträger bezeichnen können.
Auf diese ersten Motorpflüge griff man gedanklich zurück, als man bei Hanomag nach dem Zweiten Weltkrieg daranging, aus dem einfachen Zugschlepper eine vielseitig nutzbare Arbeitsmaschine für den Landwirt zu entwickeln – eine Maschine, die unter Einsatz von Zapfwelle und Hydraulik mehr zu leisten vermochte als nur die alten Gespanngeräte zu ziehen. Das Ergebnis dieser Bemühungen war im Falle Hanomag der sogenannte Tragschlepper und das vielseitige Combitrac-Programm, das im Laufe der fünfziger und sechziger Jahre bis zum Produktionsende immer weiter ausgefeilt wurde.
Zur Unternehmensgeschichte bleibt nachzutragen, daß die seit 1935 zum Bochumer Verein gehörende Hanomag AG nach der Konzern-Entflechtung 1952 durch die Siegermächte von der Rheinstahl-Gruppe übernommen wurde. Noch vor Aufgabe der Schlepperproduktion wurde 1968 die Lkw-Fertigung ausgegliedert und mit Rheinstahl-Henschel zur Hanomag-Henschel Fahrzeugwerke GmbH zusammen-

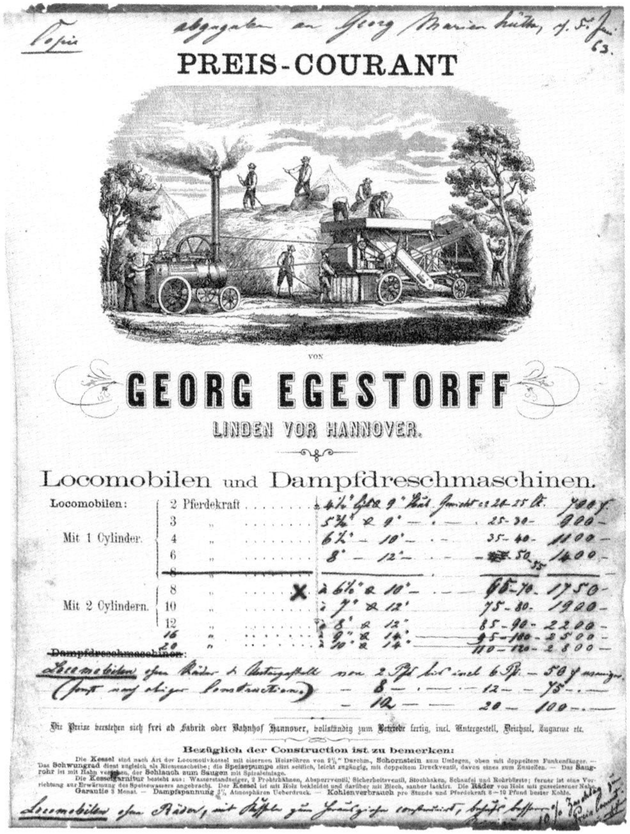
PREIS-COURANT

von

GEORG EGESTORFF

LINDEN VOR HANNOVER.

Locomobilen und Dampfdreschmaschinen.

Locomobilen: Mit 1 Cylinder. 2 Pferdekraft, 3, 4, 6
Mit 2 Cylindern. 8, 10, 12

Dampfdreschmaschinen:

Die Preise verstehen sich frei ab Fabrik oder Bahnhof Hannover, vollständig zum Betriebe fertig, incl. Untergestell, Deichsel, Zugarme etc.

Bezüglich der Construction ist zu bemerken:

Im vorigen Jahrhundert trug die Firma noch den Namen des Gründers: Georg Egestorff. Man fertigte Lokomobile und Dampfdreschmaschinen an, wie aus diesem Angebot von 1863 hervorgeht.

Ab 1912 wurden bei Hanomag Motorpflüge, System Wedeler-Dohrn (WD-Pflug), hergestellt. Der 80-PS-Vergasermotor hatte ein Hanomag-Getriebe mit zwei Vorwärtsgängen und einem Rückwärtsgang.

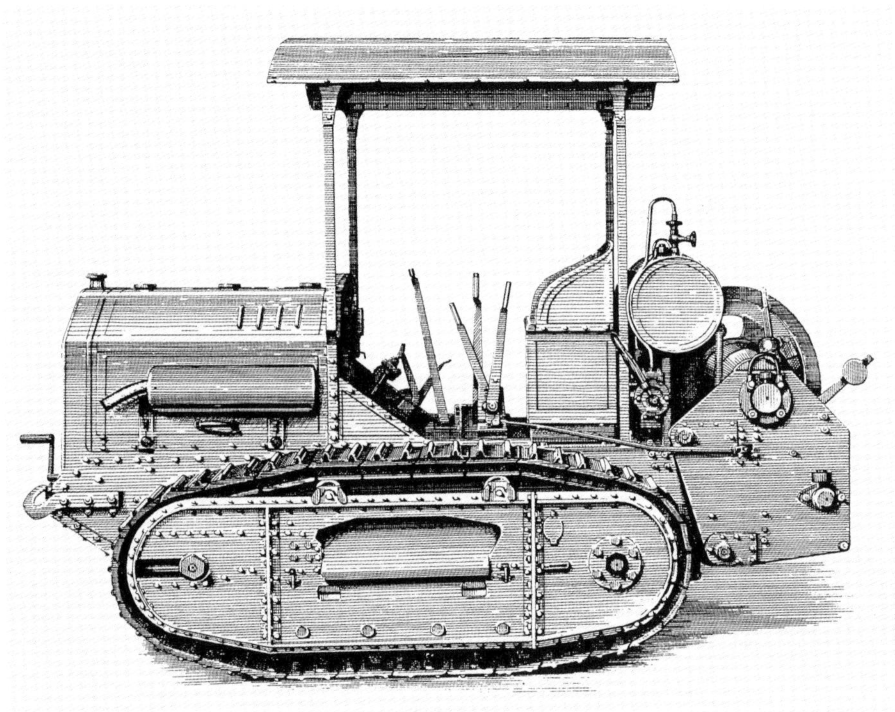

Erste Kettenraupe von Hanomag, Typ Z 25. Zunächst hatte sie nur 20, später 25 PS. Der Vierzylindermotor konnte wahlweise mit Benzin. Petroleum oder Benzol betrieben werden.

gelegt. Mehrheitsaktionär wurde die Daimler-Benz AG. In Hannover stellte man schließlich im Jahre 1970 den nicht mehr kostendeckenden Schlepperbau ein, um sich weniger personalintensiven Fertigungsbereichen zu widmen. Bei der Rheinstahl-Tochter Hanomag verblieb lediglich die Baumaschinenfertigung, die 1974 an die kanadische Massey-Ferguson-Gruppe verkauft wurde.

Die Gründe für eine nicht ausgeglichene Bilanz Ende der sechziger Jahre waren vielfältiger Natur: Man hatte bei Hanomag versucht, mit zu vielen Typen möglichst jedem Kundenwunsch zu entsprechen. Diese – selbst für Fachleute oft verwirrende – Vielfalt war ausgesprochen kostentreibend. Außerdem war nach der Ära des Wirtschaftswunders eine erste Marktsättigung eingetreten, auf die man in Hannover bei steigendem, internationalen Konkurrenzdruck nur unzureichend vorbereitet war. Heute werden bei der Komatsu-Hanomag GmbH – der japanische Komatsu-Konzern ist seit 1989 Mehrheitsaktionär – nur mehr kleine Radlader für den europäischen Markt gebaut.

Längst haben sich Sammler und Oldtimer-Liebhaber der landwirtschaftlichen Fahrzeuge angenommen, deren Markenname inzwischen vom Markt verschwunden ist und der nur mehr historische Bedeutung hat, wenn man von den Radladern und Baumaschinen absieht, die heute in Hannover hergestellt werden und mit dem Namen Kamatsu-Hanomag versehen sind. Wobei mancher Besitzer eines R 12 der frühen fünfziger Jahre enttäuscht ist, wenn er feststellt, daß sein einst in großen Stückzahlen gebautes »Ackermoped« keine besondere Rarität darstellt. Dennoch ist es erfreulich, daß ein so vielfältiger und interessanter Entwicklungsprozeß, wie er bei Hanomag stattgefunden hat, nicht nur anhand historischer Dokumente überliefert, sondern in Form zahlreicher, recht lebendiger Zeitzeugen im Original vorhanden ist – häufig sogar noch im aktiven Einsatz, nicht nur als Museumsstück. Hanomag: Das ist für viele ein Stück deutscher Industriehistorie, zugleich Landwirtschaftsgeschichte und für Niedersachsen auch Heimatgschichte.

Hier entsteht in der Lehrwerkstatt das Modell eines Schnelltransporters vom Typ SS100. Ein Foto aus den dreißiger Jahren.

HANOMAG
HANOMAG

Das geschlossene Ganzstahl-Fahrerhaus mit großzügiger Verglasung und Dachluke für diesen R 40 wurde in geringer Stückzahl bei der Karosseriefirma Hebmüller in Wuppertal hergestellt.

HANOMAG

Auf DLG-Ausstellungen wurden immer wieder technische Neuerungen gezeigt, wie hier 1955 der Hanomag mit Antischlupf: Der damalige Landwirtschaftsminister Heinrich Lübke wird von Hanomag-Vorstandsmitglied Dr. Speiser (Bildmitte) informiert.

Maschinen-Zeitung.

Ein Dokument aus früher Zeit: Vorstellung des WD-Großpfluges in der Maschinenzeitung, 1912.

Die „Maschinen-Zeitung" erscheint in halbmonatlicher Folge.
Bezugspreis: 1 Mark vierteljährlich. Als Beilage zur „Illustrierten Landwirtschaftlichen Zeitung" gebührenfrei.
Anzeigen: 40 Pf. für die Zeile, äußere Umschlagseite 50 Pf.

Nr. 15. Berlin SW. 11, den 1. August 1912. 10. Jahrg.

Neuer Motorpflug.

Der W. D.-Pflug, dessen Fabrikation die bekannte Lokomotivfabrik, Hannoversche Maschinenbau-A.-G., vorm. Georg Egestorff, und dessen Vertrieb die Deutsche Kraftpflug-Gesellschaft, Berlin, Kurfürstenstraße 56, übernommen hat, ist ein Gangpflug, d. h. der Pflug besitzt seine Antriebsquelle in sich, im Gegensatz zu den Seilpflügen, bei denen der Pflugapparat von stationären Maschinen aus, mittels Seils über den Acker gezogen wird. Der Pflug ist also ohne weitere Vorbereitung auf jedem Acker in Betrieb zu setzen.

In der Ausbildung als Fahrzeug lehnt er sich an das bekannte Freibahnsystem an; er zeigt also ein einachsiges Gestell mit sehr großen Triebrädern von 2—2½ m Durchmesser, auf die der größte Teil der Last konzentriert ist. Das Gestell ist unsymmetrisch so gebaut, daß der hintere Teil ein Uebergewicht besitzt. Dieses Uebergewicht wird durch ein drittes Rad, das gleichzeitig als Lenkrad dient, aufgenommen.

Im Vordergestell des Fahrzeuges ist der motorische Antrieb untergebracht, während in dem hinteren Teile der Pflugrahmen gelenkig und leicht auswechselbar aufgehängt ist. Die Kraftquelle bildet ein 4-Zylinder-Explosionsmotor, dessen Kraft in bekannter Weise durch die Vermittlung einer Konuskupplung und mit Hilfe zweier Radübersetzungen auf die großen Triebräder geleitet wird. Ein Differential sorgt für unabhängige Bewegung der Triebräder in der Kurve. Motor sowie sämtliche Getriebeteile sind staubdicht gekapselt.

Die Pflugschare sind nicht am Gestellrahmen befestigt, sondern an einem besonderen Pflugrahmen, der an Winkelhebeln aufgehängt ist. Die Anordnung ist dabei so getroffen, daß der Rahmen in Verbindung mit den Winkelhebeln eine Art Parallelogramm bildet. Die untere Seite des Parallelogramms wird durch den Pflugrahmen, die obere Seite durch eine Verbindung hergestellt, in die eine Schraubenspindel eingeschaltet ist. Durch Drehen einer gegen seitliche Verschiebung gesicherten, auf der erwähnten Spindel laufenden Mutter wird eine Verschiebung des Parallelogrammes und dadurch das Heben bzw. Senken des Pflugrahmens stets genau parallel zum Boden erzielt.

Die Möglichkeit einer schnellen und sicheren Hebung ist in hohem Grade bestimmend für eine glatte und rasche Arbeit. Bei dem W. D.-Pflug geschieht die Betätigung des Hebens und Senkens durch Drehen eines Handrades vom Führersitz aus. Lenkrad und Handrad sind auf derselben Spindel übereinander angeordnet; beide Räder lassen sich aber unabhängig voneinander bewegen, und der Pflugführer ist so in der Lage, das Heben und Senken in bequemster Weise, auch während der Fahrt, ausführen zu können. Die Arbeit des Hebens und Senkens geschieht infolge einer neuartigen Federanordnung, die das Gewicht des mehrere Zentner schweren Pflugrahmens fast in jeder Stellung nahezu ausbalanciert, sehr sicher und schnell. Das Getriebe hierfür ist zudem selbstsperrend ausgeführt. Eine automatische Zeigervorrichtung, die vom Führersitz aus deutlich gesehen werden kann, zeigt zudem automatisch die jedesmalige Pflugtiefe genau an.

Diese eben geschilderte Anordnung der Aufhängung und Betätigung des Pflugrahmens, die durch Deutsches

Fig. 183. W. D.-Pflug der deutschen Kraftpfluggesellschaft m. b. H., Berlin. (Ansicht.)

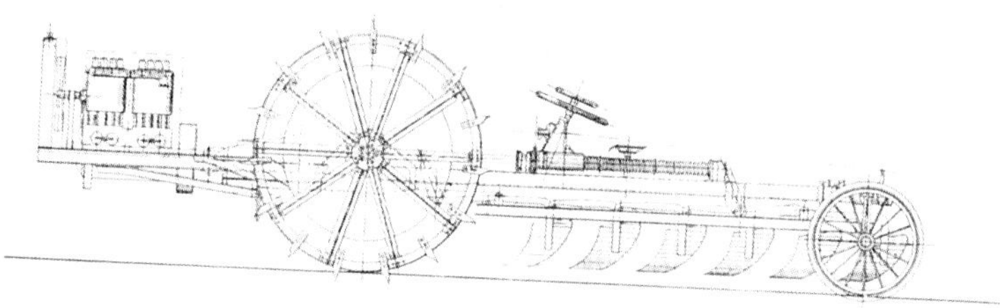

Der Ackerschlepper AR 38 war ab 1936 die verbesserte Version des Hanomag-Diesel-Schleppers.

38 PS HANOMAG
DIESEL
Radschlepper

Einfach - Betriebssicher
Unverwüstlich-Sparsam

Der HANOMAG-DIESEL
ist der moderne und wirtschaftliche Schlepper für Ihren Betrieb

Die Radschlepperversion mit Ackerluftreifen im Vergleich zur eisenbereiften Version.

Schnittbild des AR 38, wie es ihn ab 1936 gab.

23
22
21
20
19
18
17
16
1
2
3
4
5
15
14
13
6
7
8
9
10
11
12

1 Kolben
2 Kühlwasserthermometer
3 Kühler
4 Ventilator
5 Pleuelstange
6 Ölpumpe
7 abnehmbare Ölmulde
8 Wasserpumpe
9 Schwungrad und Kupplung
10 gefederte Zugvorrichtung
11 Schaltgetriebe
12 Ausgleichgetriebe
13 Ölsumpf für Getriebe
14 Anhänger-Kuppelbolzen
15 Zapfwelle
16 Werkzeugkasten
17 Reglerstellhebel
18 Öldruckmanometer
19 Kraftstoffbehälter
20 Schneckenlenkung
21 Luftfilter
22 Brennstoffpumpe
23 auswechselbare Zylinderbuchsen

Export-Prospekt der K 50.
Sie war eine der ersten Diesel-Raupen von Hanomag...

50 HP
HANOMAG-DIESEL
CRAWLER TRACTOR

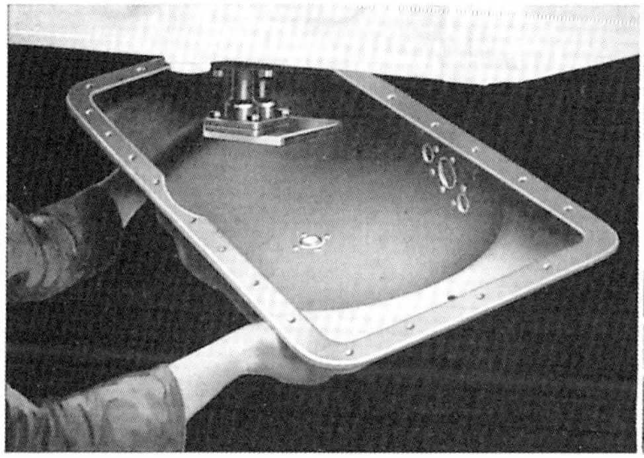

Removable oil sump permitting adjusting of bearings.

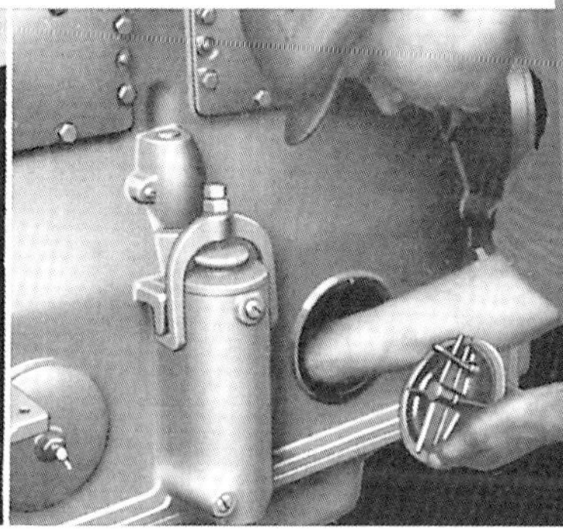

Large inspection holes for observing and r
crank-shaft.

Belt pulley drive and power take-off shaft. Belt pulley for right and left hand drive.

A view of the assembly of the track showing the solid construction and skilful workmanship.

...deren einfache Konstruktion die Wartungsfreundlichkeit unterstreicht.

Durable and Robust Construction.

15 years of Crawler Tractor manufacturing experience have tought us how to build them for rough work. All material is tested for tensile strength and chemical purity of metal before being embodied so that only faultless material is used. Every part of the tractor is constructed so strong and of such durable quality that even under the roughest treatment, wear and tear are reduced to a minimum.

Engine transmission, driving sprockets and track rollers are amply protected against penetration of dust, dirt and moisture.

Overcomes Obstacles.

Both tracks are hinged to overcome obstacles and can oscillate abt. 18"; obstacles such as large stones, ditches or deep slopes may be taken with the greatest ease, without harm to the tractor.

High Drawbar Pull.

The power available at the draw-bar amounts to about 6.730 lbs. on 1st gear = 2.2 m. p. h., 4.630 lbs. on 2nd gear = 3.2 m. p. h. and 2.860 lbs. on high gear = 4.5 m. p. h. Heavy implements such as multi share or multi disc plows, cultivators etc. requiring high traction power can be hauled by the Hanomag without difficulty.

Handling the Hanomag Diesel requiros no special training.

One man is sufficient. No special experience is necessary for maintenance, because of the simple and clear construction of the Hanomag Diesel. Safety devices prevent any possible mistakes in operating.

Short Turning Radius.

The Hanomag Diesel Crawler can turn almost on the spot.

Very slight ground pressure.

The Hanomag Diesel Crawler is the tractor most suited for soft soils. The pressure on the soil amounts to only [illegible] of that of a horse hoof.

Im Prospekt für die Diesel-Raupe K 50 stellt man auch deren verschiedene Einsatzmöglichkeiten heraus.

Mehr als ein Jahrzehnt gehörten die Schnell-Transporter von Hanomag zum Straßenbild.

SCHNELL-
TRANSPORTER
55PS
HANOMAG
HANOMAG

20 PS HANOMAG
Diesel-Bauernschlepper

Der Bauernschlepper RL 20, die abgespeckte Version des Kleinzugwagens, wurde von 1937 bis 1949 den Landwirten empfohlen.

Es ist zur unumstößlichen Tatsache geworden, daß die HANOMAG-Diesel-Schnelltransporter gute, zuverlässige und billige Helfer für jeden einschlägigen Betrieb sind. Tausendfache Erfahrungen aus der Praxis haben ihre überragende Wirtschaftlichkeit und vielseitige Verwendbarkeit bestätigt.

Der 55 PS HANOMAG-Diesel-Schnelltransporter ist die robuste Zugmaschine im Schwerlastverkehr. Sein starker Vierzylindermotor, nach bewährtem Vorkammersystem im Viertakt arbeitend, hat infolge niedriger Motordrehzahl nur eine geringe Abnutzung der Verschleißteile. Die abnehmbare Ölmulde erleichtert das Reinigen und macht ein schnelles Auswechseln der Lagerschalen, Pleuelstangen und Kolben möglich. Durch die günstige Abstufung des Schaltgetriebes ist die beste Ausnutzung der Zugleistung bei jeder Steigung gewährleistet.

Die kräftige Hinterachse in gepreßter Stahlausführung ist unverwüstlich. Der vorgeschaltete Banjokopf umschließt staubdicht das Kegel-Stirnrad-Hinterachsvorgelege. Sämtliche Zahnräder sind aus hochwertigem Einsatzstahl hergestellt und von einer langen Lebensdauer. Der robuste Rahmen besteht aus U-Profil; seine Querträger sind angenietet, so daß ein Verwinden des Fahrzeuges unmöglich ist. Durch breite Halbelliptik-Federn vorn und hinten, in Gummiblöcken aufgehängt, ist die beste Abfederung ermöglicht, wodurch alle Teile größtmögliche Schonung erfahren. Zusätzliche Belastungsgewichte, über der Hinterachse angeordnet, geben dem Fahrzeug die nötige Adhäsion, so daß die unbedingte Gewähr besteht, die Motorleistung voll in Zugkraft umzusetzen.

Das Fahrerhaus ist geräumig und von allen Seiten verschlossen; es bietet 3 Personen bequem Platz, hat Windschutzscheibe und Kurbelfenster, besitzt eine spielend leicht zu betätigende Lenkung und eine übersichtliche Anordnung der Instrumente. Der große Kraftstofftank faßt 350 Liter und gibt dem Fahrzeug einen Aktionsradius von über 1000 Kilometern. Die Bereifung ist sechsfach. Außerdem ist ein Reserverad vorhanden. Im 4. Gang zieht der HANOMAG ST 55 auf ebener Straße 16 to Anhängelast - eine Leistung, die sich sehen lassen kann.

Alles in allem: Der 55 PS HANOMAG-Diesel-Schnelltransporter ist für Sie das richtige Fahrzeug. Wir führen es gern vor, damit Sie sich von seinen Vorzügen und seiner Zugleistung überzeugen können. Auf Wunsch unterbreiten wir Ihnen bequeme Finanzierungspläne.

Bitte schreiben Sie uns auf beigefügter Karte, wann Sie eine unverbindliche Beratung wünschen.

Mit vorzüglicher Hochachtung

Antwortkarte anbei

TYP-GIGANT
100 PS
HANOMAG
DIESEL-SCHNELLTRANSPORTER

Die leistungsstarke Gigant-Zugmaschine war nicht nur bei der Wehrmacht angesehen, sondern vor und nach dem Krieg auch bei Fuhrunternehmen erfolgreich im Einsatz und ein devisenbringender Exportartikel.

Die Firma Enser in Nürnberg fertigte mehrere Zugmaschinen-Generationen der Nachkriegszeit für Hanomag, hier auf der Basis des von 1950 bis 1960 gebauten Schnellastwagens L 28. Den Nachfolger in Gestalt des F45/75 gab es noch bis 1974.

50 PS Straßenzugmaschine „Typ Enser"

N-ED 932

Die schnelle, wendige Zugmaschine

Diese mittelschwere Straßenzugmaschine „Typ ENSER" ist mit dem bewährten 50 PS HANOMAG-Diesel-Motor ausgerüstet. Mit einer Höchstgeschwindigkeit von ca. 60 km/h paßt sie sich ausgezeichnet dem zügigen Straßenverkehr an.

Überhaupt –
das ganze Fahrzeug ist für den heutigen Verkehr speziell zugeschnitten. Das 3-Mann-Fahrerhaus hat durch Lenkradschaltung vollkommene Beinfreiheit; durchgehende verstellbare Sitzbank und Rückenlehne; Kurbelfenster und Ausstellfenster; hervorragende Sichtverhältnisse durch Rundumverglasung.

Das robuste
synchronisierte Viergangegetriebe wird über die Lenkradschaltung betätigt und macht das Schalten zum Vergnügen. Der kräftige Hinterachsantrieb mit der Übersetzung 1 : 6,83 (6 : 41) ist zwillingsbereift. Serienmäßig wird das Fahrzeug mit einer 4-Rad-Öldruckbremse, einer Druckluftanlage für Anhängerbetrieb — das Anhängerbremsventil wird öldruck- und mechanisch gesteuert — einer 25 to-CRAMER-Anhängekupplung, einer Rangierkupplung und Werkzeug ausgerüstet. Der sich harmonisch an das Fahrzeug anschließende Koffer mit den 3 Belastungsgewichten bietet noch genügend Raum für Ersatzrad, Winde, Ketten, Seile usw.

60 km/h Höchstgeschwindigkeit, 9 m Wendekreis, 13 to Zugleistung und nur 11 Liter Dieselkraftstoffverbrauch machen diese Zugmaschine schnell zum unentbehrlichen Helfer im modernen Transportgewerbe.

Hanomag-Werbemater, die für Inserate in der Fachpresse verwendet wurde. Dieses Motiv erschien Mitte der fünfziger Jahre für Industrie- und Baugewerbeeinsatz.

HANOMAG
für Industrie und Baugewerbe.
R 45
mit Frontlader. Mechanisch oder hydraulisch betätigte Schaufel. Nutzlast der Schaufel 1000 kg. Hubhöhe 3 m.
K55E
Planierraupe mit Querschild oder Schwenkschild. Auch mit Frontlader lieferbar.
K90E
Planierraupe mit Querschild oder Schwenkschild.

40 cab.
HANOMAG
Tractor de ruedas Diesel
Tipo R 40
HANOMAG
La
Ayuda universal
para
Campo, Carretera y Monte

Einer der ersten Export-Prospekte des R 40 – hier in Spanisch – weist auf die universelle Verwendbarkeit für Feld, Landstraße und Gebirge hin. Erschienen um 1947.

Als Nachfolger des R 40 kam 1952 der Radschlepper R 45 auf den Markt, der besonders auch in Südamerika, speziell in Argentinien, sehr gefragt war.

HANOMAG

O R45 è o tractor ideal para os transportes pesados

HANOMAG
R45

MAGR45 dá provas da sua univeralidade também na silvicultura. Graças à potência de tracção do seu guincho de cabo realisa a dura taréfa de arrastar os troncos mais pesados, extraindo-os dos barrancos e veredas. A força de tracção è de 3500 kg, o comprimento do cabo de 50 metros.

HANOMAG

O transporte de troncos em terreno montanhoso è uma das taréfas mais duras que existe, requerendo um máximo em potência de tracção, facilidade de manobra e travagem sumamente eficaz. O **R 45** foi construido para tudo isto.

Melhor que palavras estas gravuras dão prova da universalidade do Tractor de Rodas Diesel-HANOMAG
Quem possue um HANOMAG R 45, habitua-se a
cultivar as suas terras numa só operação. Campos
de grande extensão serão, pois, preparados e depois
tratados em breve tempo.
A colheita do milho requer um tractor de grande
potência e estabilidade. Condição é a bitola regulavel,
o grande espaço livre sôbre o chão e a força con-
centrada. O HANOMAG R 45 corresponde ple-
namente às exigências mais elevadas.
Além disto o R 45 serve de central de energia da emprêsa. Em toda a parte, onde capacidade productora é requerida, o R 45 lá está para ser útil. O accionamento de máquinas estacionarias de toda a espécie faz-se pela polé do tractor.
STANDARDWERK HANNOVER
Desde sempre a lavoura é intitulada "A empresa de transportes involuntaria". O HANOMAG R 45, quando não está a trabalhar no campo, da conta de todos os transportes na estrada com grande seguridade. Na 5ª velocidade reboca 22 toneladas.
O valor do eixo de toma de fôrça patenteia-se
particularmente, sempre que se trabalha com
máquinas ceifadeiras - debulhadeiras ou ou-
tras máquinas de colheita universais, que
teem grande consumo de fôrça.
A colheita mecanisada da betarrabia já não
é um problema, usando-se esta máquina po-
tente, mesmo em terras pesadas ou em pen-
dores. O bloqueio de diferencial evita a
patinagem unilateral.

Als Zugmaschine und Antriebseinheit fand der Radschlepper R 40 vielfältige Verwendung.

HANOMAG
R 40
HANOMAG

Der R 40 gilt noch heute als Inbegriff des klassischen Hanomag-Schleppers.

HANOMAG
HANOMAG
R45

Der R 45 fand, mit Frontlader versehen, häufig auch in der Bauwirtschaft Verwendung.

HANOMAG
R55

Mit dem R 55 entsprach Hanomag ab 1955 dem Kundenwunsch nach einem Fahrzeug mit leistungsgesteigertem Motor.

HANOMAG
R55

HANOMAG HANNOVER

Die Qualität der Werbung ist Ausdruck einer blühenden und aufstrebenden Ökonomie in Deutschland, auch bei Hanomag. Eine anschauliche Prospektgraphik von 1955.

Trotz der Verfeinerung der Kultivierungsgeräte zum Anhängen ging die Tendenz zu den vielseitig verwendbaren Combitrac-Schleppern hin.

Model „SALTA" trailing tandem disc harrow

This manifold approved implement can be used for shallow turning of stubble, for the breaking-up of coarser clods after initial ploughing for seedbed preparation and, in conjunction with an attachable drilling appliance, also for drilling of the intermediate crop in one working process. When crumbling of coarser clods is to be effected, and for work on marshyground, the rear section of the harrow can be equipped with serrated discs.

ROTA K 2 trailing tandem disc harrow

A particularly heavy tandem disc harrow suitable for all ground cultivation work. The heavy weight of the implement ensures a sufficiently deep penetration into ground of the discs even in heavy or hard soil. Lateral coupling to tractor facilitates its employment for work in tree nurseries and vineyards. Simple operation from driver's seat.

	ROTA K 2		SALTA	
Design	24 discs		38 discs	
Working depth range ... up to	22 cm	— 8¼ in.	15 cm	— 6 in.
Working width	270 cm	— 106 in.	310 cm	— 122 in.
Weight ... appr.	1092 kgs	— 2,410 lbs.	836 kgs	— 1,850 lbs.

HANOMAG
Combitrac
R55
HANOMAG
HANOMAG
R55

Englischsprachiger Prospekt für den Hanomag Combitrac R 55 aus dem Jahre 1955.

Der R 40 und Nachfolger 1942-64

HANOMAG
35 PS
DIESELZUGMASCHINE
Hanomag

Mit einem Ganzstahl-Fahrerhaus ausgestattet, war der R 455 für gewichtige Ansprüche in Speditionsbetrieben, im Forsteinsatz, im Baugewerbe und so weiter mit 22 t Anhängelast bestens geeignet. Es gab eine 35- und eine 55-PS-Version dieses Schleppers.

MAG
55 PS
MASCHINE
HANOMAG

HANOMAG
HANOMAG
HANOMAG
Tractor para cargas pesadas
R55 ATK

Prospekt für den Traktor R 55/ATK, ein Fahrzeug für schwere Lasten.

O R 55 ATK
no serviço de um aeroporto
HANOMAG
O tractor R 55 ATK, modelo especial pa
(Cabina do condutor em vidro Plexi,
Tractor Grader, lâmpada de aviso de
serviço nocturno, velociade máxima 25 k

Für den Einsatz auf Flugplätzen konnte der R 55/ATK mit einem Plexiglasdach ausgestattet werden.

HANOMAG

Der R 460 verfügte neben einem etwas leistungsstärkeren Motor und einem Fünfganggetriebe mit zusätzlicher Untersetzung, vor allem über eine für Anbaugeräte sehr nützliche Hydraulik.

HANOMAG R460 60PS

HANOMAG
HANOMAG

Das erfolgreiche HANOMAG-Prinzip, Neues mit Bewährtem zu einer harmonischen Einheit zu verbinden, gilt auch für den R 460. Sein kräftiges Herz ist der erprobte Vierzylinder-Viertakt-Dieselmotor mit 5,7 l Hubraum. Stehvermögen und Lebensdauer dieses Motors sind allgemein anerkannt. Die überragende Zugkraft, die hohe Leistung an der Zapfwelle und der Untersetzer (10 Vorwärts-, 2 Rückwärtsgänge) sind weitere Pluspunkte. Die starke Hydraulik (Kategorie II) arbeitet unabhängig von der Kupplung, da die Pumpe direkt am Motor angeschlossen ist. Ein weiterer wichtiger Vorteil: Die neue Klauenschaltung im 4. und 5. Gang läßt sich überraschend leicht und zügig schalten. Und der bequeme Parallelogramm-Schwingsitz bietet vorbildlichen Fahrkomfort. Alles in allem: Eine überaus starke und dabei vielseitige Arbeitsmaschine. Eine Probevorführung beweist Ihnen am besten, was der R 460 wirklich leistet.

TECHNISCHE DATEN

Motor

60 PS Vierzylinder-Viertakt-Dieselmotor

Charakteristik	laufruhig, sehr elastisch bei wechselndem Kraftbedarf
Hubraum	5,7 Liter
Drehzahlbereich	500–1350 U/min
Kühlung	moderne Thermostat-Zweikreis-Kühlung mit automatischer Regelung

Aufbau

Robuste Bauweise; günstige Schwerpunktlage; Motor, Batterie und Kraftstoffbehälter leicht zugänglich; geräumiger, verkleideter Fahrerstand mit bequemem Sitz.

Vorderachse	gefedert
Handbremse	Getriebebremse, feststellbar, unabhängig von Fußbremse
Fußbremse	Einzelradbremsung durch Fußpedale, für Straßenfahrt gekoppelt

Kupplung

Einscheiben-Trockenkupplung

Triebwerk

Schaltgetriebe (auf Wunsch mit Untersetzer)

Vorwärtsgänge	5 (mit Untersetzer 10)
Rückwärtsgänge	1 (mit Untersetzer 2)
Kraftübertragung auf Hinterachse	kräftiges Differential mit Sperre

Hydraulik

Moderne vollhydraulische Anlage mit Zweifachsteuerung für Dreipunktaufhängung und Anhängegeräte.

Bauart	Kategorie II
Hydraulikpumpe	direkt am Motor, kupplungsunabhängiger Antrieb
Hubkraft an der Dreipunkt-Kopplung	1400 kg

Füllmengen

Motor	12 Liter
Hydraulik	16 Liter
Getriebe	50 Liter
Kraftstoffbehälter	130 Liter
Kühlsystem	36 Liter

Maße, Gewichte, Drehzahlen

Länge	3810 mm
Breite	1955 mm
Höhe mit Fahrerdach	2385 mm
Radstand	2325 mm
Spurweite	1510 mm
Kleinster Spurkreis-Radius (mit Einzelradbremse)	4500 mm
Zapfwellendrehzahl	565 U/min
Riemenscheiben-⌀	425 mm
Riemenscheibendrehzahl	935 U/min
Betriebsgewicht mit Bereifung 14–30 AS	3430 kg

Bereifungen

vorn	7,50–20 AS Front
hinten	14–30 AS
	oder 15–30 AS

Geschwindigkeiten

Mit Bereifung 14–30 AS (von ½ bis Nenndrehzahl)

		untersetzt
1. Gang	2,05– 4,1 km/st	0,64–1,3 km/st
2. Gang	2,95– 5,9 km/st	0,92–1,84 km/st
3. Gang	3,95– 7,9 km/st	1,24–2,5 km/st
4. Gang	5,9 –11,7 km/st	1,84–3,6 km/st
5. Gang	9,0 –19,7 km/st	2,8 –6,16 km/st
Rückwärtsgang	1,57– 3,1 km/st	0,49–0,97 km/st

Konstruktive Änderungen und Abweichungen im Interesse des technischen Fortschritts vorbehalten. Farben der Schlepper annähernd, nicht verbindlich.

RHEINSTAHL
HANOMAG
HANNOVER

Bis 20% mehr Flächenleistung und bis 20% Kraftstoffersparnis erzielen Sie mit der automatischen Pflugführung HANOMAG-Pilot (DBP). Dabei bleibt die einmal eingestellte Furchentiefe, von 2 Tasträdern gesteuert, immer gleich, auch bei Unebenheiten und wechselnden Böden. Und der vor allem bei Schlechtwetter so gefürchtete Radschlupf wird von Pilot wirksam unterdrückt.

HANOMAG

Vor dem schweren Mähdrescher und in ungünstigem Gelände zeigt der R 460 erst richtig, was er kann. Seine gewaltige Zugkraft überwindet alle Hindernisse. Besondere Beachtung verdient die Motorzapfwelle: Sie wird über eine Lamellenkupplung durch Handhebel geschaltet und ist so vom Getriebe voll unabhängig. Mit dem Untersetzer haben Sie allein 5 Gänge bis ca. 4 km/st.

HANOMAG

Zum Rücken schwerer Stämme und für alle anderen Waldarbeiten ist der R 460 hervorragend geeignet. Die hohe Zugkraft moderner Forstseilwinden wird voll ausgenutzt. Für Straßentransporte können Sie die Maschine auch mit Schnellgang (30 km/st) und einer wirksamen Anhänger-Druckluftbremsanlage ausrüsten lassen. Dach oder Fahrerhaus bieten Schutz vor der Witterung.

Auf der Seite mit den technischen Daten wird auf die vielseitigen Einsatzmöglichkeiten des R 460 verwiesen.

Der R 16 für Klein- und Mittelbetriebe schloß ab 1951 eine Lücke im Produktprogramm der Landmaschinen.

HANOMAG
4
— Jahrzehnte werden nunmehr in den modernen Produktionsstätten der HANOMAG Ackermaschinen gefertigt, die sich immer wieder in mehr als 50 Ländern der Erde unter schwersten Arbeitsbedingungen hervorragend bewähren. Viele Erfahrungen wurden gesammelt und beim Bau neuer HANOMAG-Schlepper verwertet.
Heute liefert HANOMAG für jede Betriebsgröße den passenden Schlepper

R 16

Der HANOMAG R 16 wurde für Klein- und Mittelbetriebe geschaffen. Als „Mädchen für alles" bewältigt er alle anfallenden Arbeiten schnell und billig. Er ist zu jeder Jahreszeit einsatzbereit und ermöglicht die zeitgerechte Erledigung der Arbeiten.

Typ R 16 A

16 PS Zweizylinder-Diesel-Motor, Hubraum 1399 ccm, elektrischer Anlasser, 5-Gang-Getriebe, Einzelradabbremsung, Zapfwellendrehzahl 545 U/min., Riemenscheibendrehzahl 1120 U/min., Riemenscheibendurchmesser 273 mm.

Allzweckausführung R 16 A

Bereifung: vorn 4,50-16, hinten 7-36.

Normalausführung R 16 B

Bereifung: vorn 4,50-16, hinten 7-30.

Auf Wunsch:

Hydraulischer Kraftheber, Mähbalken, Riemenscheibenantrieb, Allwetterdach, Kriechganguntersetzung, Gitterräder, Anbaugeräte aller Art.

Typ R 16 B

Bereits um die Jahrhundertwende hatte sich Hanomag mit Lokomotiven auf den Weltmärkten durchgesetzt. Mit Landmaschinen knüpfte man konsequent an diese Erfolge an.

Spezialschlepper wie der R 28 N und der R 28 RC rundeten das Hanomag-Programm ab.

R45

HANOMAG

Typ R 45 AE

Der HANOMA
hat ganz beson
Ausland viele
gefunden. Al
und forstwi
lichen Großb
finden in ih
Maschine fü
schwerste A

45 PS Vierzylinde
sel-Motor, Hubrau
ccm, elektrischer
lasser, 5-Gang-Ge
Einzelradabbrems
Differentialsperre,
wellendrehzahl 56
U/min., Riemensche
drehzahl 950 U/min
menscheibendurch-
messer 425 mm.

HANOMAG

Typ R 45 A

Bereifung: vorn 6,50
hinten 13-30 AS.

Auf Wunsch:
Fahrerdach,
Seilwinde,
Reifenfüllanlage,
Druckluftbremsanlage,
Eisenräder,
Radverbreiterungen,
Frontlader.

Der HANOMAG R 28 N ist ein Spezial-Schlepper für Obstplantagen. Durch die geringe Bauhöhe ist der Schlepper besonders für Oliven- und Orangenplantagen geeignet.

Bereifung: vorn 5,50-16
hinten 9-24 AS

Größte Höhe der Maschine: 1450 mm

Weitere Daten
siehe R 28

Auf Wunsch:
Hydraulischer Kraftheber, Riemenscheibenantrieb, Kriechgang, Seilwinde, Gitterräder, Anbaugeräte.

HANOMAG

Typ R 28 N

Der HANOMAG Row-Crop-Schlepper R 28 RC eignet sich durch verstellbare Spurweite und große Bodenfreiheit besonders für den Einsatz auf Maisfeldern, Kaffee-, Baumwoll-, Sisal- und Obstplantagen.

Bereifung: vorn 5,00-16
hinten 9-42

Spurweite
vorn: 180 mm
hinten: 1250-2060 mm

Weitere Daten
siehe R 28

Auf Wunsch:
Hydraulischer Kraftheber, Riemenscheibenantrieb, Fahrerdach, Seilwinde, Anbaugeräte.

HANOMAG

Typ R 28 RC

Der R 45 war für schwere Lasten in Großbetrieben gefragt.

90 CV
HANOMAG
K90
HANOMAG

1951 war die K 90 mit 90 PS aus sechs Zylindern die leistungsstärkste Hanomag-Raupe.

HANDMAG
HANDMAG
K90

Le grand tracteur à chenilles K 90 est une construction en demi-châssis auquel est boulonné le carter d'embrayage de direction. Le cadre renferme le moteur reposant dans des supports garnis de caoutchouc, l'embrayage, le radiateur et le réservoir à combustible. La boite de vitesses et le siège du conducteur sont boulonnés au carter d'embrayage de direction. Les cadres de galets porteurs reposent sur l'axe des barbotins dans des bras oscillants. La suspension des roues de renvoi et les cadres de galets porteurs sont soigneusement recouverts de tôles qui protègent les trains de roulement contre l'encrassement et l'humidité. Des glissières assurées contre la poussière et l'eau réduisent l'usure des galets porteurs à un minimum. La longévité des axes de patins a été accrue par des joints spéciaux. Un autre avantage de la construction moderne du K 90 est a pompe à eau du type centrifuge largement dimensionnée qui produit un tourbillonnement suffisant de l'eau de refroidissement. Pour garantir une épuration impeccable de l'huile de graissage du moteur, le filtre à huile à plaques métalliques, le filtre à tamis et le filtre magnétique sont disposes l'un après l'autre dans le circuit d'huile. La pompe à huile refoule l'huile de graissage dans tous les graisseurs du moteur même par une inclinaison du tracteur de 70%.

Gut zwölf Jahre lang blieb die K 90 in Produktion; sie kam in der Land- und in der Bauwirtschaft zum Einsatz.

HANOMAG K 60

Wenn es der Radschlepper nicht mehr schafft,

dann ist es an der Zeit, einen Kettenschlepper einzusetzen; denn der macht Sie weitgehend unabhängig von den Boden- und Geländeverhältnissen, und Bodendruckschäden können gar nicht mehr auftreten. Ehe Sie sich für ein Fabrikat entscheiden, prüfen Sie bitte alle Einzelheiten sorgfältig und lesen Sie, was wir Ihnen über den neuesten HANOMAG-Kettenschlepper, den K 60, zu sagen haben. Wenn man wie die HANOMAG schon mehr als 35 Jahre Kettenschlepper baut — der erste lief bereits im Jahre 1920 vom Band — so darf man wohl behaupten, daß reiche Erfahrungen auf diesem Gebiet vorliegen, und diese Erfahrungen bedeuten für Sie eine erhebliche Sicherheit! Es wird Sie interessieren, daß unser Kundenkreis für Kettenschlepper sich über mehr als 70 Länder erstreckt und daher die Maschinen praktisch für alle vorkommenden Arbeiten eingesetzt werden.

HANOMAG
HANOMAG
K60

Die K 60 war 1956 die erste von Hanomag hergestellte Raupe mit Zweitaktmotor. Stolz weist man darauf hin, daß Hanomag in nunmehr siebzig Ländern vertreten ist.

Solide und stabil im Aufbau

Ein Kettenschlepper muß schon einmal etwas aus-
halten können. Darum haben wir der Rahmen-
konstruktion des K 60 ganz besondere Sorgfalt ge-
widmet und die Maschine nach unten durch einen
schweren „Bauchpanzer" weitgehend abgedichtet.
Motor und Getrieberaum sind somit gegen Schmutz
und Schlamm wirksam geschützt; eine wichtige
Voraussetzung für die große Wattfähigkeit der
Maschine.

Robustes und kräftiges Laufwerk

Das Laufwerk ist gegen Schmutz und Schlamm
weitgehend geschützt, so daß der normale Ver-
schleiß sehr gering ist. Entsprechend den heutigen
Einsatzbedingungen wurden an die Stabilität des
Laufwerkes die höchsten Ansprüche gestellt. Jede
Kette wird unten durch 6 Doppelbundlaufrollen
und eine Stützrolle geführt. Die Laufkettenglieder
sind aus hochwertigem Vergütungsstahl im Ge-
senk geschmiedet und gehärtet und daher be-
sonders verschleißfest.

Der sparsame, unempfindliche Zweitaktmotor

entspricht der Gesamtkonstruktion des K 60: wenig
Verschleißteile, robust und unempfindlich gegen-
über allen Betriebsbedingungen. Es ist ein schlitz-
gesteuerter Zweizylinder-Zweitakt-Dieselmotor mit
Gebläsespülung und direkter Einspritzung. Die
Drehmomentenkurve ist außerordentlich günstig.
Besondere Beachtung verdient der Kraftstoff-
verbrauch. Er beträgt nur 169 g/PSh. Das ist sehr
wenig, bedeutet es doch, daß der K 60 bei durch-
schnittlicher Belastung mit 4,5—5 l Kraftstoff pro
Betriebsstunde auskommt.

Überreicht durch:

TECHNISCHE DATEN:

Motor	
Art und Arbeitsweise	Zweizylinder-Zweitakt-Dieselmotor mit Gebläsespülung und Strahleinspritzung
	60 PS bei 1600 U/min
Leistung	130 mm
Bohrung	160 mm
Hub	3715 cm³
Hubraum	16,5 : 1
Verdichtung	Mahle-Speziallegierung
Kolben	Druckölumlauf-
Schmiersystem	schmierung
Schmierölpumpe	Zahnradpumpe, bis 45° Motorneigung einwandfrei arbeitend
Ölreinigung	Ölspaltfilter, Magnetfilter, Nebenstromölfilter
Kraftstoffreinigung	Doppelkraftstoffilter
Kühlsystem	Thermostat-Zweikreiskühlung
Anlasser	Fabrikat Bosch
Lichtmaschine	200 W, 24 V
Batterie	2 Batterien à 105 A, 12 V
Abmessungen	
Länge über alles	3550 mm
Breite über alles	1770 mm
Höhe bis Oberkante Auspuff	2060 mm
Spurweite	1270 mm
Bodenfreiheit, vorn	315 mm
Bodenfreiheit, hinten	280 mm
Zugvorrichtung über Erde	385 mm
Wenderadius außen	2150 mm
Gewicht, betriebsfertig	6045 kg
Laufwerk	
je Seite	1 Leitrad, 6 Laufrollen, 1 Stützrolle, 35 Kettenglieder
Kettenbreite	320 mm
Laufrollenrahmen	gepreßtes und geschweißtes Kastenprofil

Geschwindigkeiten

1. Gang	2,6 km/st	4. Gang	5,5 km/st
2. Gang	3,3 km/st	5. Gang	7,2 km/st
3. Gang	4,3 km/st	6. Gang	9,5 km/st
1. Rückwärtsgang	3,9 km/st		
2. Rückwärtsgang	5,1 km/st		
3. Rückwärtsgang	5,6 km/st		

Zugbakenkräfte

1. Gang	6240 kg	4. Gang	2815 kg
2. Gang	4600 kg	5. Gang	2085 kg
3. Gang	3572 kg		

	51,6 PS
Zughakenleistung	59 PS
Riemenscheibenleistung	59 PS
Zapfwellenleistung	

Alle Leistungsangaben gemäß Marburg-Test Nr. 136
Kraftstoffverbrauch
(im Jahresdurchschnitt) 4,5—5 l pro Betriebsstunde

Zur Serienausrüstung gehören:
2 Scheinwerfer vorn, 1 Scheinwerfer hinten, 2 Schluß-
leuchten, Steckdose, Fernthermometer, Betriebsstun-
denzähler.

Als Sonderausrüstung wird geliefert:
Riemenscheibenantrieb (Durchmesser 400 mm, Riemen-
scheibengeschwindigkeit 21 m/sec); obere Zapfwelle
1600 U/min bzw. 740 U/min (linksdrehend) und
1140 U/min (rechtsdrehend); untere Zapfwelle
(537 U/min); Seilwinde (Zugkraft 7300 kg, 80 m Seil,
Durchmesser 16 mm); 400 mm oder 560 mm breite Bo-
denplatten, Spurweite 1500 mm (für 560 mm breite
Bodenplatten), Straßenschuhe.
Alle HANOMAG-Schlepper erhalten eine Kunstharz-
lackierung, die größte Widerstandsfähigkeit, Kratz-
festigkeit und spiegelnden Hochglanz besitzt.
Die Farben des dargestellten Schleppers sind für die
serienmäßige Lackierung als annähernd zu betrach-
ten und daher nicht maßgebend.
Konstruktive Änderungen und Abweichungen vor-
behalten.

HANOMAG-HANNOVER

Vom Tragpflug
Eine konsequente Entwicklung
Zu einer Zeit, als die Mechanisierung des Landbaus begann, bauten aufgeschlossene Männer der HANOMAG die ersten Motorpflüge. Die Kette dieser Pionierleistungen reicht heute vom Tragpflug bis zum Tragschlepper.
Das sind die Meilensteine:
1912 HANOMAG baut Motorpflüge
1919 HANOMAG baut Kettenschlepper
1925 HANOMAG baut Radschlepper
1931 HANOMAG baut Diesel-Schlepper
1950 HANOMAG führt die Dreipunkt-Hydraulik und den Frontlader beim deutschen Schlepper ein
1953 HANOMAG entwickelt das Combitrac-Programm und baut Tragschlepper, die Zugschlepper und Geräteträger zugleich sind
1955 HANOMAG rüstet Schlepper mit Antischlupf aus
1956 HANOMAG baut den Kettenschlepper K 60
1958 HANOMAG beseitigt Schlepperlärm
Damals wie heute treiben fortschrittliche Männer bei HANOMAG den Landmaschinenbau weiter voran, damit HANOMAG-Schlepper und -Geräte auch in Zukunft ihrer Zeit voraus sind.
zum Tragschleppe
RHEINSTAHL HANOMAG
HANNOVER
HANOMAG

1958 bemühte man bei der Werbung für den C 224 Tragschlepper erstmals die Historie des Unternehmens Hanomag.

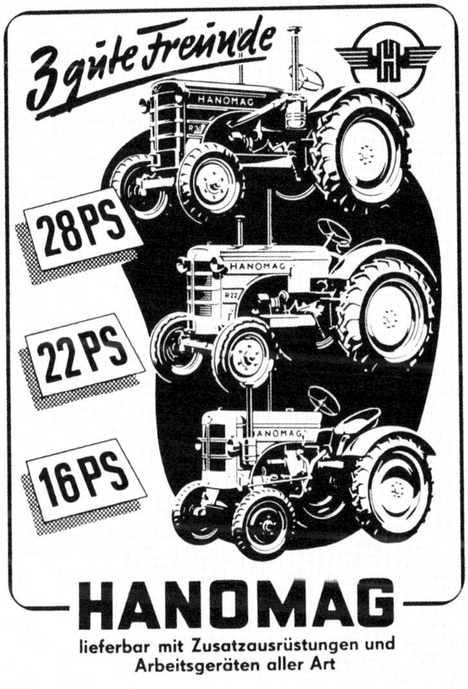
3 güte Freünde
HANOMAG
28PS
22PS
16PS
HANOMAG
lieferbar mit Zusatzausrüstungen und Arbeitsgeräten aller Art

Werbung für kleine und mittlere Hanomag-Radschlepper, 1952.

HANOMAG

Als Anzeigenmotiv ein Kettenschlepper aus dem Jahre 1952 mit Herausstellung seiner Vorzüge.

Ihr treuer Helfer
HANOMAG
NOMAG
R16
HANOMAG
Combitrac
Schlepper für jede Betriebsgröße
Geräte für jede Arbeit

R16·16PS
R22·22PS
R28·28PS
HANOMAG
R28
Ihr Vorteil
Unser Fortschritt
Große Räder
Leichtes Gewicht
Hohe Bodenfreiheit
Sparsamer Verbrauch
Kraftheber-Frontlader
Kriechgang usw.
Sichere Bodenhaftung
geringer Bodendruck
Richtige Kulturenpflege
Größte Rentabilität
Schwere Arbeit
leicht gemacht
HANOMAG

Werbematern mit diesen Motiven wurden den Hanomag-Händlern in den fünfziger Jahren zur Veröffentlichung in regionalen Zeitungen zur Verfügung gestellt.

35 und 45 PS
HANOMAG-Diesel-Straßenschlepper

HANOMAG
HANOMAG in der Forstwirtschaft
Zum Holzrücken, Wurzelstöcke roden, Vo
umbruch, mit Planiereinrichtung zum Wa
straßenbau sowie als Zugmaschine für
Forstgeräte und Transporte.
HÜBNER

HANOMAG

Der Hanomag-Materndienst bot eine Fülle von Schwarz-weiß-Motiven in Strichtechnik an, die sich auch auf weniger qualitätvollem Papier gut abdrucken ließen.

Durch die Güte und fortschrittliche Konstruktion
der Erzeugnisse ist
HANOMAG
Das Werk mit der größten
Schlepper-Jahresproduktion
Deutschlands!
R12KB-12PS
R12-12PS
R16-16PS
R19-19PS
R24-24PS
R27-27PS
R35-35PS
R45-45PS
K55-55PS
K90-90PS
HANOMAG Combitrac
Schlepper für jede Betriebsgröße
Geräte für jede Arbeit

Die Produktpalette der Hanomag-Schlepper ab 1954 war recht umfangreich.

Der neue
HANOMAG R2

Der ab 1949 gebaute R 25 war die erste Schlepper-Neuentwicklung der Hanomag nach dem Zweiten Weltkrieg...

Auf Wunsch wird der R 25 mit der Bereifung vorn 5,50—16 und hinten 11,25—24 geliefert

TECHNISCHE EINZELHEITEN

4-Zylinder-Diesel-Motor

mit Vorkammer-System und 5 mal gelagerter Kurbelwelle
Zylinderbuchsen . . . auswechselbar
Leistung . . . 20 25 PS
Schmiersystem: Umlaufpreßölschmierung
Ölreinigung: Durch bewährten Spaltfilter, der vom Kupplungspedal zwangsläufig betätigt wird
Einspritzpumpe und Einspritzventile: Fabrikat Bosch
Kühlung: Umlaufkühlung mit Wasserpumpe
Kühlwasser-Betriebstemperatur: 70°—80°, Regelung automatisch

5-Gang-Getriebe

Ganganzahl . . . 5 Vorwärtsgänge und 1 Rückwärtsgang
Geschwindigkeiten:
1. Gang 3,7 km Std
2. Gang 5,0 km Std
3. Gang 6,3 km Std
4. Gang 11,6 km Std
5. Gang 18,3 km Std

Kupplung: Einscheiben-Trockenkupplung
Handbremse: Mechanisch mit Duplexwirkung

* Bei Bereifung 11,25—24

Fußbremse: Mechanisch mit Servowirkung
Schutz gegen einseitiges Räderrutschen: Einzelradabbremsung

Riementrieb

Anordnung . . . linksseitig, abschaltbar
Durchmesser . . . 300 mm bzw. 225 mm*
Drehzahl . . . 1040 Umdrehungen min bzw. 1450 Umdrehungen min*
Breite . . . 120 mm

Zapfwelle

überträgt fast die ganze Motorleistung
Genormtes Zapfwellenprofil
Anordnung . . . hintenliegend
Drehzahl . . . 560 Umdrehungen min

Abmessungen

Größte Länge . . . 2990 mm bzw. 2850 mm*
Größte Breite . . . normal 1580 mm, bei max. Spur 1750 mm
Größte Höhe: Oberkante Lenkrad 1760 mm bzw. 1580 mm
Radstand . . . 1800 mm
Bodenfreiheit: Durchgehend . . . 450 mm bzw. 300 mm
Bereifung: Vorn . . . 6,50—20 Tr bzw. 5,50—16
Hinten . . . 9,00—40 bzw. 11,25—24
Spurweite vorn: 1300-1400-1500 mm . . . verstellbar
hinten: 1300-1400-1500 mm . . . verstellbar
Wenderadius: 2500 mm ohne Einzelradabbremsung, 1800 mm mit Einzelradabbremsung (Innen)
Leergewicht . . . 1860 kg bzw. 1635 kg
Zugvorrichtung: unten für Ackergeräte . . . gelochte Anhängeschiene
oben für Straßenzug . . . Zugmaul, seitlich verstellbar

Sonderausrüstungen

Kraftheber
Mähbalken
Allwetterdach
Vordere Kotflügel
Polstersitz
gefed. Zugvorrichtg.

Flächenleistungen

Art der Arbeit	Arbeitsbreite	Leistung in 10 Stunden
Pflugarbeit (2 Schar)	0,36 m	2 ha
mit Untergrundlockerer	0,56 m	2,5 ha
Tiefpflügen	1,20 m	5 ha
Schälen (5 Schar)		
Eggen mit 3 Feldern (Schottegge, [illegible] und	3,7[illegible] m	15 ha
leichte Saategge)	6,00 m	1[illegible] ha
mit 1 Feld	2,00 m	8—9 ha
Kultivatorarbeit	5'—7'	6—8 ha
Getreidemähen		

Änderungen vorbehalten!

HANOMAG HANNOVER

Überreicht durch:

Prospekt-Nr. 101

Druck: Gebrüder Jänecke, Hannover, CDH 46 — 1124/30000. 8. 49. Kl. A

...und die Werbung, den Zeitumständen entsprechend, noch etwas spartanisch.

OUR TRUMP-CARD:
R16
The new
R16
NOMAG
R16
R16
HANOMAG R16
A 16 HP Diesel Tractor

Im englischsprachigen Ausland wurde dem Käufer suggeriert, mit einem Hanomag-Schlepper alle Trümpfe in der Hand zu haben.

OTRO TRIUNFO MÁS:
R22
El nuevo
R22
HANOMAG
R22
HANOMAG R22
Tractor de ruedas (Diesel) 22 CV

OTRO TRIUNFO MÁS:
R28
El nuevo
R28
HANOMAG
R28
HANOMAG R28
Tractor de ruedas (Diesel) 28 CV

Die Trumpf-Werbung gab es auch im spanischen Sprachraum. Der Exportanteil der Hanomag-Produktion war in den fünfziger Jahren nach wie vor sehr hoch.

HANOMAG
R19 Combitrac
HANOMAG
HANOMAG
R19
HANOMAG

Die Werbung wurde beim R 19 bereits auf das Combitrac-System abgestimmt: Die Hydraulik erlaubte den Einsatz diverser Zusatzgeräte.

Die Hydraulik
Die 3-Punkt-Kupplung des Krafthebers entspricht den internationalen Normen, so daß Sie alle 3-Punkt-Geräte anbauen können. Dabei ist es ein besonderer Vorzug der HANOMAG-Hydraulik, daß die Ölpumpe direkt vom Motor angetrieben wird. Auch wenn Sie kuppeln wird der für den Arbeitszylinder benötigte Öldruck daher nicht unterbrochen. Ohne jede Störung können Sie während des jeweiligen Arbeitsvorganges Ihre Geräte heben oder senken. Der hydraulische Kraftheber erleichtert Ihnen Ihre schwere Arbeit. Lassen Sie sich die Arbeit der Gerätebedienung von der Maschine abnehmen. Sie haben es dadurch leichter.

HANOMAG-Antischlupf
Der HANOMAG R 19 ist so gebaut, daß er unter normalen Bedingungen seine volle Leistung an den Boden bringt; denn die Zugpunkte sind sehr günstig angeordnet. Leider sind die Bedingungen nicht immer normal. Darum ist der R 19 serienmäßig mit Differentialsperre ausgerüstet, die einseitiges Rutschen der Räder verhindert. Ein weiteres Hilfsmittel, um die Bodenhaftung der Räder unter schwierigen Verhältnissen zu verbessern, ist HANOMAG-Antischlupf. Mit dessen Hilfe wird ein Teil des Gewichtes vom Anbaugerät über den hydraulischen Kraftheber auf die Hinterachse des Schleppers übertragen. Entsprechend dieser zusätzlichen Hinterachsbelastung wird der Schlupf wesentlich reduziert, und die Zugkraft steigt. Schlupf bedeutet für Sie Mehrkosten für Kraftstoff, Reifen und Zeit. Antischlupf hilft Ihnen diese Ausgaben sparen. Informieren Sie sich durch unseren Spezialprospekt über Antischlupf.

Der Antischlupf war ein weiteres willkommenes Argument des Hanomag-Verkäufers. Es handelte sich im Grunde um eine Differentialsperre.

HANOMAG
R19
Combitrac
HANOMAG
R19

Der R 19 erweiterte ab 1953 die Palette der kleinen Hanomag-Schlepper...

HANOMAG-HANNOVER
Apresentado por:

... auch wenn die Einsatzmöglichkeiten des Combitrac werblich hier nur in geringem Umfang dargestellt wurden.

HANOMAG

Combitrac

R27

TECHNISCHE EINZELHEITEN

Art und Arbeitsweise des Motors	Dreizylinder-Viertakt-Dieselmotor
Motordauerleistung	27 PS
Hubraum	2099 cm³
Drehzahlbereich	500—1900 U/min
Kühlsystem	moderne Thermostat-Zweikreiskühlung
Länge über alles	2720 mm
Breite über alles (schmale Spur)	1580 mm
Radstand	1700 mm
Spurweiten	1250 / 1400 / 1550 mm
Eigengewicht	1585 kg
Zapfwellendrehzahl	553 U/min
Riemenscheibendrehzahl	1380 U/min
Riemenscheiben-∅	240 mm
Bereifung, vorn	5,50—16 AS
Bereifung, hinten	8—36 AS

Serienmäßig Speichenräder, auf Wunsch Scheibenräder

Bodenfreiheit	380 mm

Geschwindigkeiten

1. Gang	3,95 km/st
2. Gang	5,3 km/st
3. Gang	6,7 km/st
4. Gang	12,2 km/st
5. Gang	19,5 km/st
Kriechganggeschwindigkeiten	430 m/st — 1450 m/st

Sonderausrüstungen

Hydraulischer Kraftheber; Belastungsgewichte, vorn; Scheibenräder, hinten; Rückscheinwerfer; Gitterräder; Riemenscheibenantrieb, seitl.; Kotflügel, vorn; Fahrerdach mit Windschutzscheibe; Doppelsitz auf Kotflügel; Kriechgang-Untersetzung; Bereifung, hinten 10—28 AS, 11—28 AS, 9—36 AS.

Konstruktive Änderungen und Abweichungen vorbehalten.

Der HANOMAG R 27 wurde vom Schlepper-Prüffeld Marburg unter Test-Nr. 98 geprüft.

Alle HANOMAG-Schlepper erhalten eine Kunstharzlackierung, die größte Widerstandsfestigkeit und spiegelnden Hochglanz besitzt.

HANOMAG

R 35 RC

DETALLES TECNICOS

Motor

Motor Diesel de 4 cilindros de 4 tiempos con antecámaras
Cilindrada 2799 cm³
500 hasta 1900 r.p.m.
Camisas de cilindro cambiables
Retrigeración del motor por moderna refrigeración de dos circuitos con termóstato

Equipo normal

con eje delantero y trasero ajustables y polea, contrapesos delanteros, contador de horas

Equipo especial

Elevador hidráulico; eje triciclo (Row-Crop) con barra de dirección, neumáticos 5.00—16 y contrapesos.

Dimensiones

Neumáticos delanteros	5,00—16 AS Front
Neumáticos traseros	11 x 38 o 12 x 38
Largo total	3310 mm
Ancho total (vía estrecha)	2040 mm
Batalla	2210 mm
Ancho de vía, atrás	1250 hasta 2060 mm
Altura libre sobre el suelo	520 mm

Velocidades

1ª marcha	3,7 km/h
2ª marcha	5,0 km/h
3ª marcha	6,3 km/h
4ª marcha	11,6 km/h
5ª marcha	18,3 km/h
Marcha atrás	6,5 km/h
Revoluciones eje toma de fuerza	553 r.p.m.
Revoluciones polea	1210 r.p.m.
Diámetro de polea	330 mm
Peso total, listo para trabajar	2080 kg con contrapesos

Rendimientos

Esfuerzo de tracción en: 1ª equivale 2340 kg* a 3,01 km/h 26,0 CV de potencia de arrastre
2ª equivale 1943 kg* a 3,94 km/h 28,4 CV de potencia de arrastre
3ª equivale 1593 kg a 5,04 km/h 29,7 CV de potencia de arrastre

Esfuerzo máximo de tracción sobre pista de hormigón	2545 kg*
Esfuerzo máximo de tracción sobre pista de hormigón (Ruedas propulsoras con carga de agua	2715 kg*
Potencia máxima de arrastre	30,3 CV
Potencia de polea	34,8 CV

*) con contrapesos delanteros
(Todos los valores según Test de Marburg No. 99 bajo peso de serie.)
Salvo modificaciones y cambios constructivos

Die widerstandsfähige Kunstharzlackierung war 1955 ein zusätzliches Kaufargument für Hanomag-Schlepper.

Obwohl die Firma Hanomag seit 1952 zum Rheinstahl-Konzern gehörte, wurde bis Ende 1962 unverändert unter dem Hanomag-Adler im Kreis für Schlepper aus Hannover geworben.

Werbeblatt für den R35/45 (die Zahlen geben die Leistung des Motors in PS an). Dieses Modell wurde von 1954 bis 1959 gebaut.

HANOMAG
R35/45
HANOMAG
35 oder 45 PS? — Sie können es wählen
Wenn Sie einen Schlepper anschaffen, so müssen Sie das wohl überlegen. Er soll Ihnen die Arbeit erleichtern, aber auch rentabel sein. Je vielseitiger er arbeitet, um so günstiger wirkt er sich auf Ihre Kostenrechnung aus. Der HANOMAG R 35/45 läßt sich für viele Zwecke einsetzen und ist dadurch wirtschaftlich. Er verkörpert zwei Schlepper: Alle Arbeiten des normalen Ackerbetriebes bewältigt er mit 35 PS. Schalten Sie auf die volle Leistung von 45 PS um, so steht er, wenn schwere Zapfwellengeräte wie Mähdrescher oder andere Vollerntemaschinen angetrieben werden, besonders gut seinen Mann. Das Schaltgetriebe des R 35/45 hat 10 Gänge (1,06 km/st bis 18,3 km/st), deren Geschwindigkeitsstufen sich den Geräten und den jeweiligen Bodenverhältnissen vollkommen anpassen. Dadurch erzielen Sie höhere Flächenleistungen. Die Zapfwelle ist unabhängig vom Getriebe. Sie läuft ohne Unterbrechung weiter, wenn Sie die Kupplung betätigen, um anzuhalten oder zu schalten und überträgt die volle Motorleistung. Besonders für den Mähdrusch ist dies sehr vorteilhaft; denn beginnende Verstopfungen werden durch kurzes Anhalten beseitigt. Die Dreschtrommel bleibt immer auf Touren. Arbeiten Sie mit Mähdrescher und schweren Zapfwellengeräten, so ist der HANOMAG R 35/45 der richtige Schlepper für Sie. Möchten Sie noch mehr darüber wissen? Wir informieren Sie gern.
HANOMAG

Große Preismünze
nach ganzjähriger Vergleichsprüfung
DEUTSCHE LANDWIRTSCHAFTS GESELLSCHAFT
FRANKFURT A.M.
R12
Auf den
R12

Eine von vielen Auszeichnungen der DLG für Hanomag-Schlepper, hier von 1954.

HANOMAG motorisiert den letzten Hof
HANOMAG
HANOMAG Combitrac R12

Der R 12 zielte auf die Motorisierung auch kleinster, etwa im Nebenerwerb betriebener Höfe ab.

HANOMAG
Combitrac
R24
HANOMAG
R24
TECHNISCHE EINZELHEITEN
Motor
Art und Arbeitsweise . . . Zweizylinder-Zweitakt-Dieselmotor mit Gebläsespülung
Hubraum . . . 1021,4 cm³ (62,3 cu. in.)
Drehzahlbereich . . . 600—2200 U/min
Kühlsystem . . . Thermostat-Zweikreiskühlung
Abmessungen
Bereifung, vorn . . . 5,00—16 AS oder 5,50—16 AS
Bereifung, hinten . . . 10—28 AS oder 9—36 AS
Länge über alles . . . 3100 mm (122 in.)
Breite über alles (schmale Spur) . . . 1600 mm (63 in.)
Radstand . . . 1960 mm
Spurweiten . . . 1250/1375/1500 mm (49/54/59 in.)
Bodenfreiheit . . . 420 mm
Ganganzahl . . . 6 Vorwärtsgänge, 2 Rückwärtsgänge
Geschwindigkeiten
Geschwindigkeiten . . . 1,65/3,05/4,75/6,75/12,5/19,5 km/st (1,0/1,9/2,95/4,2/7,8/12,1 m.p.h.)
Zapfwellendrehzahl, normal . . . 578 U/min
Eigengewicht . . . 1360 kg (3000 lbs.)
Leistungsangaben
Zughakenkraft 2. Gang . . . 1886 kg* (4159 lbs.)
Zughakenkraft 3. Gang . . . 1201 kg (2648 lbs.)
Zughakenkraft 4. Gang . . . 829 kg (1828 lbs.)
Höchstzugkraft auf Betonbahn im 2. Gang . 1960 kg* (4322 lbs.)
* mit Belastungsgewichten vorn
Riemenscheibenleistung . . . 22,7 PS
Alle Leistungsangaben gemäß Marburg-Test Nr. 144
Sonderausrüstungen
Antischlupf; Fahrerdach; verbreiterte Anhängeschiene; verstellbare Hinterradfelgen; verstellbare Vorderachse; Gitterräder; Riemenscheibe; kupplungsunabhängige Zapfwelle; elektrischer Betriebsstundenzähler; Fernthermometer; zusätzl. Gummimuschelsitz.
Alle HANOMAG-Schlepper erhalten eine Kunstharzlackierung, die größte Widerstandsfähigkeit, Kratzfestigkeit und spiegelnden Hochglanz besitzt.
Konstruktive Änderungen und Abweichungen vorbehalten.
Der HANOMAG R 24 ist Schlepper und Geräteträger zugleich. Die Arbeitsgeräte werden je nach Verwendungszweck vorn, zwischen den Achsen und hinten angebaut und von der Zentral-Hydraulik gehoben und gesenkt. Das Ausheben der Geräte bereitet dem Fahrer keine körperlichen Anstrengungen mehr. Die große Bauchfreiheit (720 mm — 28⅜ in.) erlaubt es, Bestell- und Pflegegeräte zwischen den Achsen anzubringen und sicher zu steuern. Da die Lenkung des R 24 rechts liegt und auch der Fahrersitz rechts angeordnet ist, kann der Fahrer die Arbeitsvorgänge bequem beobachten.

Ab 1953 (R 12) bzw. 1954 (R 24) zeichneten sich bei Hanomag-Schleppern rundere Bauformen ab.

Hanomag
Zug- und Tragschlepper
C 112
Zugschlepper und Geräteträger zugleich!

HANOMAG
ab sofort
mit neuem Typenprogramm
in Form und Konstruktion Ausdruck modernster Landtechnik

Deckblatt für einen Prospekt, der das Typenprogramm der Hanomag-Schlepper des Modelljahrgangs 1957 vorstellte.

Der Hanomag C 112 von 1957 war aus dem R 12 entstanden.

HANOMAG
Combitrac
R 324 S
Hanomag
R324S
Combitrac
STANDARDAUSRUSTUNG
Vollständige elektr. Licht- und Anlasser-
anlage; Anschluß für Anhängerbeleuch-
tung; Getriebezapfwelle; Differential-
sperre; Kriechganguntersetzer; Fußbremse
mit Einzelradbremsung; Handbremse;
drehbare und höhenverstellbare Anhän-
gerkupplung; vordere Zug- und Druckvor-
richtung; breite Ackerschiene; Parallelo-
gramm-Schwingsitz; gefederte Vorder-
achse; Öldruckmesser; Hand- und Fuß-
Motorregulierung; 1 Satz Werkzeuge.
SONDERAUSRUSTUNG
Hydraulischer Kraftheber; HANOMAG-
Pilot (DBP) oder Antischlupf; Frontlader;
komb. Mäh- und Riemenscheibenantrieb; Mähwerk; Fahrerdach mit Windschutzscheibe
und Scheibenwischer; Blinkanlage; Rückscheinwerfer; Vorderradkotflügel; Bereifung hinten
10–28 AS, 11–28 AS; Gitterräder hinten.
HANOMAG
HANOMAG - Combitrac – die ideale Arbeitseinheit von Schlepper und Gerät

Moderne Formen gab es ab 1957 auch beim Modell R 324 S.

…chste Auszeichnung der DLG
für HANOMAG-Tragschlepper C 224

Deutsche Landwirtschafts-Gesellschaft

FRANKFURT AM MAIN

Ehrenurkunde

Im Jahre 1959
wurde auf Grund einer Einzelprüfung
der
Tragschlepper C 224
der Fa. Rheinstahl-Hanomag A.G., Hannover
„DLG-anerkannt"
und mit der
„Silbernen Preismünze der DLG"
ausgezeichnet.

Der Präsident:
Lorberg.

Auch der C 224 wurde durch die DLG ausgezeichnet, was Hanomag mit besonderem Stolz erfüllte.

C 224

Standardausrüstung

Außer Grundausrüstung nach LAV (AGA): Zentralhydraulik mit Dreipunkt-Kraftheber, breiter Ackerschiene und Anschluß für Frontlader und Zwischenachsgeräte; Anschluß für Anhängerbeleuchtung; Anhängerkupplung drehbar; Öldruckmesser; Hand- und Fuß-Motorregulierung. Zum Kundendienst gehören 2 kostenlose Inspektionen.

Sonderausrüstung

Automatische Pflugführung HANOMAG-Pilot (DBP) oder Antischlupf; Frontlader, auch mit Verlängerung sowie sämtlichen Arbeitsgeräten einschließlich automatischer Heuzange und Alligatorzange; Mähantrieb auch mit Mähwerk; Riementrieb mit Scheibe; Motorzapfwelle mit Doppelkupplung; Anlage für Abreißkupplung; Fahrerdach mit Windschutzscheibe und Scheibenwischer; Blinkanlage; Rückscheinwerfer; Vorderradkotflügel; elektr. Betriebsstundenzähler; elektr. Fernthermometer und Kühlerjalousie.

…ANOMAG-Pilot (DBP)

…s 20% mehr Flächenleistung und bis 20% Kraftstoffersparnis erzielen
…e mit der automatischen Pflugführung HANOMAG-Pilot (DBP). Da-
…i bleibt die einmal eingestellte Furchentiefe, von 2 Tasträdern ge-
…euert, immer gleich, auch bei Unebenheiten und wechselnden Böden.
Es gibt keine verhärtete Zone im Untergrund mehr. Und der vor allem
bei Schlechtwetter so gefürchtete Radschlupf wird wirksam unterdrückt,
denn Pilot ist gleichzeitig ein vollautomatisches Antischlupfsystem.

RHEINSTAHL HANOMAG HANNOVER

Der Hanomag-Pilot war eine automatische Pflugführung für unebene Böden und erleichterte dem Landwirt die Arbeit.

Mit von unabhängiger Seite vorgenommenen Prüfungen wurden Werksangaben wirkungsvoll untermauert.

SCHLEPPER-PRÜFFELD MARBURG

KURATORIUM FÜR TECHNIK IN DER LANDWIRTSCHAFT

(16) RAUISCHHOLZHAUSEN

KTL

Ergänzung

zum

Bericht über die Technische Prüfung Nr. 175

Leistungsmessungen an dem HANOMAG-Motor D 621 S,
ausgerüstet mit Bosch-Kraftstoff-Einspritzanlage
des Combitrac-Schleppers C 218
der RHEINSTAHL HANOMAG AG., Hannover

Das Schlepperprüffeld wurde von der RHEINSTAHL HANOMAG AG. beauftragt, den gegenüber dem Prüfungsbericht Nr. 175 geänderten Motor D 621 S zu prüfen. Dieser Motor wird im Combritrac-Schlepper C 218, frühere Bezeichnung R 18, verwendet. Der Motor war bei der Prüfung Nr. 175 mit einer Einspritzanlage der Firma Kugelfischer, Georg Schäfer & Co., München, Bauart Deckel, ausgerüstet.

Durch Weiterentwicklung des Motors und Anpassung der Einspritzanlage der Firma Robert Bosch GmbH., Stuttgart, wurde der Kraftstoffverbrauch des Motors beträchtlich gesenkt. Mit der verbesserten C 218-Auspuffanlage konnte das Auspuffgeräusch wesentlich vermindert werden, wodurch die Dauerleistung jedoch nicht verringert wurde.

Der Motor unterscheidet sich, abgesehen von der neuen Einspritzpumpe und der neuen Auspuffanlage, nicht von der Ausführung, die im Hauptbericht Nr. 175 beschrieben wurde.

Die Ergebnisse der Prüfung des Motors, welcher entsprechend den Prüfregeln für Ackerschlepper durchgeführt wurde — soweit sie die Messungen der Motorleistung betreffen — sind in der beiliegenden Tabelle und in den Kurvenblättern wiedergegeben. Zugleistungsmessungen wurden nicht durchgeführt.

Marburg/Lahn, den 25. Juni 1958

Kuratorium für Technik in der Landwirtschaft
KTL
Frankfurt am Main

HANOMAG
GRANIT 500,
40 PS
Der robuste, leistungsfähige Schlepper. Starker Viertakt-Motor. Ungewöhnlich starke Hydraulik. Zwillingssteuergerät serienmäßig. 10 Vorwärts- und 2 Rückwärtsgänge. Motorzapfwelle mit Doppelkupplung. Anschlüsse für Frontlader. Vorbildlich gefederter Paralellogramm-Schwingsitz.
S 401

Rundere Formen und neue Namen kennzeichnen ab 1962 auch bei den stärker motorisierten Modellen den Hanomag-Schlepper.

HANON
ROBUST 80
75 PS
Der Schlepper für s
Arbeit in Land- und l
schaft. Ungewöhnlic
Vierzylinder-Viertak
6,8 Liter Hubraum.
drehmoment 37,5
1000 U/min. Wahlwe
torzapfwelle mit Unt
Dreipunkt-Hydraulik,
hydraulik, Seilwinde
hilfe.
S 402

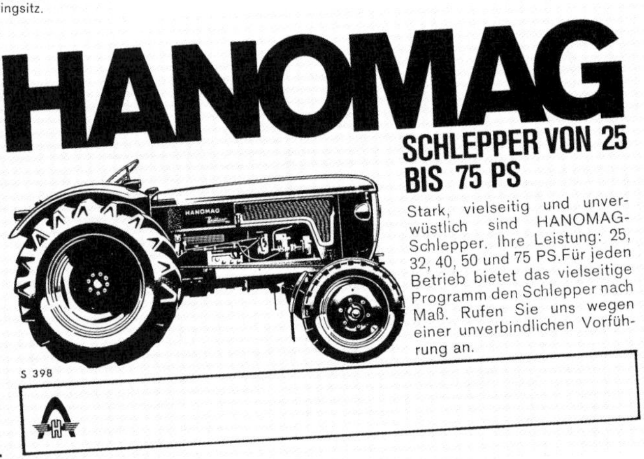
HANOMAG
SCHLEPPER VON 25 BIS 75 PS
Stark, vielseitig und unverwüstlich sind HANOMAG-Schlepper. Ihre Leistung: 25, 32, 40, 50 und 75 PS. Für jeden Betrieb bietet das vielseitige Programm den Schlepper nach Maß. Rufen Sie uns wegen einer unverbindlichen Vorführung an.
S 398

HANOMAG
BRILLANT 600,
50 PS
Der bewährte Schlepper für den größeren Betrieb. Leistungsstarker Vierzylinder-Viertakt-Motor. Wahlweise mit Zwillingssteuergerät. 10 Vorwärts- und 2 Rückwärtsgänge. Stabile Bauweise mit Halbrahmen. Anschlüsse für Frontlader serienmäßig. Seitlicher Aufstieg. Vorbildlich gefederter Paralellogramm-Schwingsitz.
S 403

Graetz
AGRI-PAGE
ein Helfer des Landwirts
Deutsche Landmaschinen-Schulen schreiben uns: Freising/Oberbayern — „Graetz-AGRI-PAGE hat sich gut bewährt — sowohl auf dem Acker als auf der Straße. Das Gerät findet bei unseren Schülern großen Anklang." Hannover — „Wir von der DEULA-Landmaschinenschule sind der Ansicht, daß sich Radioapparate dieser Art in Zukunft immer mehr durchsetzen werden."
Wenn Sie Ihren nächsten Schlepper kaufen, lassen Sie sich den AGRI-PAGE gleich einbauen. Die Kosten des AGRI-PAGE gehören dann zu den Anschaffungskosten und sind steuerlich abziehbar.
Unverbindliche Beratung und Vorführung durch Ihren HANOMAG-Händler:
Änderungen vorbehalten. Printed in Western Germany. R/1760-165

Der letzte Schrei war Anfang der sechziger Jahre AGRI-PAGE... *...das spezielle Radio für den Schlepper-Fahrer!*

Das neue Schlepper-Programm

Mehr Leistung Mehr Komfort!

Jetzt ist es da: Das neue, starke Programm für die Praxis, erstklassig in Technik und Leistung, erstklassig auch im Fahrkomfort. Jetzt können Sie aus einer sinnvoll abgestuften Baureihe den Schlepper Ihrer Wünsche wählen, von 25 bis 60 PS. Überzeugende Vorteile, die jeden Landwirt angehen, bieten die Schlepper aus dem neuen HANOMAG-Programm: Alle Typen mit den hunderttausendfach bewährten Viertakt-Dieselmotoren, alle Typen mit wesentlich verstärkter Hydraulik, alle Typen (außer R 545) mit dem vielseitigen Frontlader, alle Typen mit dem vorbildlichen, gepolsterten Komfort-Sitz, alle Typen mit der neuen, noch besseren PILOT-Regelhydraulik (DBP). Und noch etwas: HANOMAG macht keine Modetorheit mit — HANOMAG weiß, daß auch heute Zugleistung entscheidend wichtig ist. Darum das richtige Verhältnis zwischen Gewicht und PS, und darum — Zugkraft, Zugkraft, Zugkraft. Glauben Sie nicht schönen Worten, glauben Sie nur dem Beweis. Prüfen Sie selbst, überzeugen Sie sich von der großen Leistung der HANOMAG-Schlepper durch eine Vorführung.

H AN 300
HANOMAG

H-MY 672

erfekt 300 — 25 PS, der berühmte Komfort-Schlepper der DLG-Ausstellung 1962. ielseitig durch Geräteanbau vorn, in der Mitte und hinten, Hydraulik mit 2 bzw. 3 chaltkreisen, Einmann-Bedienung, 6 Vorwärts-, 2 Rückwärtsgänge, gleichzeitiger nbau von Frontlader, Mähwerk, Zwischenachsgerät und Fahrerdach, seitlicher Aufstieg.

Neue Schlepper-Programme wurden mit viel Aufwand an den Kunden herangetragen.

Das neue Programm

GRANIT 500 – 38 PS
Dreizylinder-Dieselmotor, Hydraulik mit 2 Schaltkreisen, 10 Vorwärts-, 2 Rückwärtsgänge, Motorzapfwelle mit Doppelkupplung, seitlicher Aufstieg.

BRILLANT 600 – 50 PS
Vierzylinder-Dieselmotor, Hydraulik mit 2 Schaltkreisen, 10 Vorwärts-, 2 Rückwärtsgänge, Motorzapfwelle mit Doppelkupplung, seitlicher Aufstieg.

R 460 – 60 PS
Vierzylinder-Dieselmotor, Riemenscheibe, gefederte Zugvorrichtung. Auf Wunsch: Hydraulik, Motorzapfwelle mit Lamellenkupplung, 10 Vorwärts-, 2 Rückwärtsgänge.

as war die Sensation

DLG-Ausstellung 1962. HANOMAG weist einen neuen Weg zu
hstem Fahrkomfort: Der Cabiner war das vielbewunderte Ziel der
dwirte aus Nord und Süd. Noch nie war der Schlepperfahrer so
‹ommen gegen alle Tücken des Wetters geschützt, noch nie konnte
ı einem Fahrerhaus so ungehindert in Sicht und Bewegungsfreiheit
er Arbeit nachgehen, wie in dieser Vollsichtkanzel. Ja sogar ein
io war eingebaut! Ein Beispiel, das wieder eindringlich beweist:
IOMAG kennt die Sorgen und Nöte der Landwirtschaft, HANOMAG
eut weder Mühe noch Kosten und bringt, wie schon so oft, eine
rraschende Lösung. Viele Ideen, die heute Allgemeingut sind, nahmen
nal von dem großen hannoverschen Werk ihren Weg in die Praxis.
ıt zuletzt darum hat HANOMAG das Vertrauen der Landwirtschaft!

RHEINSTAHL HANOMAG HANNOVER

Ein vielfältiges Programm für das Modelljahr 1962.

HANOMAG

Brillant

Mehr PS für die Zapfwelle, hohe Zugkraft und eine starke Hydraulik für Dreipunkt-Kopplung und Frontlader – diesen wachsenden Wünschen der Praxis sind HANOMAG BRILLANT und ROBUST vollkommen angepaßt. Hydraulik, Motorzapfwelle mit Doppelkupplung, Kriechganguntersetzer (10 Vorwärts-, 2 Rückwärtsgänge) und Frontladerrahmen sind serienmäßig eingebaut. Auch der Fahrkomfort wurde nicht vergessen: Die Bedienung ist leicht und einfach, der Parallelogramm-Schwingsitz mit hydr. Dämpfung hat vorzügliche Federungseigenschaften. Das Besondere am ROBUST: Eine zusätzliche Leistungsstufe von 50 PS zum sicheren Antrieb schwerer Zapfwellengeräte auch unter schwierigen Verhältnissen.

Die Schlepper-Werbung wurde Anfang der sechziger Jahre immer nüchterner.

Granit

In technischen Fragen war Hanomag noch selten eine Antwort schuldig geblieben. Ein Werbeblatt aus dem Jahre 1960.

GRANIT heißt der moderne HANOMAG Zug-, Lade- und Antriebsschlepper mit 32 PS. Seine große Leistung beruht, wie bei BRILLANT und ROBUST, auf dem kräftigen und langlebigen Dieselmotor aus der berühmten HANOMAG-Viertakterserie, von der schon mehr als 150000 Motoren mit weit über ½ Million Zylindereinheiten gebaut wurden. Viele leisten 10000 Betriebsstunden und mehr ohne Reparaturen.

TECHNISCHE DATEN

	GRANIT	BRILLANT	ROBUST
Motor	[illegible]	[illegible]	[illegible]
Aufbau	[illegible]		
Hydraulik	[illegible]	1500 kg	1500 kg
Frontlader	[illegible]	[illegible]	[illegible]
Maße	[illegible]	3260 mm 1630 mm 3175 mm	3260 mm 1630 mm 3175 mm
Gewicht	[illegible]	2160 kg mit Bereifung 11–36 AS	2275 kg mit Bereifung 11–36 AS
Bereifung vorn / hinten	[illegible]	[illegible]	[illegible]
Geschwindigkeiten	[illegible]	[illegible]	[illegible]

RHEINSTAHL HANOMAG

HANOMAG PERFEKT 300 25 PS

Die kleinere Ausführung des Hanomag Perfekt mit 25 PS verband »Neues mit Bewährtem«, wie die Werbung verhieß.

Perfekt 300,
ein perfekter Schlepper

**Viertakt-Dieselmotor
Höchstdrehmoment 8,4 mkg
Anhängelast auf dem Acker 7800 kg. Arbeitsgeschwindigkeit beim 20 cm-Tiefpflügen auf 40er Boden mit 2-Furchen-Drehpflug und Pilot im 4. Gang, 6,7 km/h. Kraftstoffverbrauch bei Leichtarbeit 2,7 Liter pro Stunde
Drei Arbeitsräume
Volle Einmann-Bedienung
Gute Sicht über alle Geräte**

Technische Daten – Perfekt 300

Aufbau

Blockbauweise. Langgestreckt, günstige Schwerpunktlage. Motor, Batterie und Kraftstoffbehälter leicht zugänglich. Seitenaufstieg, geräumiger Fahrerstand, modernes Sicherheitslenkrad, bequemer, gepolsterter Sitz.

Vorderachse	gefedert, spurverstellbar
Handbremse	wirkt unabhängig von Fußbremse auf Vorgelegewelle der Hinterachse
Fußbremse	1 Hauptbremspedal wirkt gleichmäßig auf beide Hinterräder. 2 versenkbare Pedale für Einzelradlenkbremse
Kotflügel	verstellbar
Zugmaul	in der Höhe verstellbar

Motor

25-PS-Zweizylinder-Viertakt-Dieselmotor

Hubraum	1,4 l
Drehzahlbereich	600–2400 U/min
Kühlung	Thermostat-Zweikreis-Wasserkühlung, strömungsgerichtet

Kupplung

Einscheiben-Trockenkupplung; bei Motorzapfwelle Doppelkupplung mit Zweistufen-Pedal

Hydraulik

Blockhydraulik mit Anschluß für Dreipunktaufhängung, Frontlader bzw. Mähwerk und Zwischenachsgerät

Zwischenachsgerät	Dreipunktaufhängung Kategorie I
Hydraulikpumpe	kupplungsunabhängiger Antrieb
Regelsystem	Pilot-Regelhydraulik DBP
Hubkraft an der Ackerschiene	1300 kg

Füllmengen

Motor	5 l
Hydraulik	10 l
Getriebe	18 l
Kraftstoffbehälter	47 l
Kühlsystem	10 l

Maße, Gewichte, Drehzahlen

Länge über alles	3380 mm
Breite über alles (Norm-Spur)	1580 mm
Höhe Oberkante Lenkrad	1700 mm
mit Mähwerk	2180 mm
Radstand	2035 mm
Spurweite bei Serienbereifung 9-32 AS	1250 mm
Kleinster Wenderadius (mit Lenkbremse)	3200 mm
Zapfwellendrehzahl	570 U/min
Riemenscheiben-⌀	225 mm
Riemenscheibendrehzahl	1495 U/min
Betriebsgewicht in serienmäßiger Ausrüstung	1650 kg

Frontlader

Bauart	HANOMAG Gr. II
Hubkraft (Lasthaken)	650 kg
(Ladeschwinge)	610 kg
(Verlängerung)	340 kg
Reißkraft	850 kg
Hubhöhe (Drehpunkt) normal	3,00 m
mit Verlängerung	4,35 m

Bereifung

vorn	5.00-16 AS Front, 5.50-16 AS Front, 6.00-16 AS Front
hinten	9-32 AS, 9-36 AS, 10-28 AS, 11-28 AS

Geschwindigkeiten

mit Bereifung 9-32 AS (von 1/2 bis Nenndrehzahl)

1. Gang	0,87 – 1,75 km/h
2. Gang	1,43 – 2,87 km/h
3. Gang	2,45 – 4,91 km/h
4. Gang	3,58 – 7,16 km/h
5. Gang	5,87 – 11,74 km/h
6. Gang	10,00 – 20,00 km/h
1. Rückwärtsgang	1,30 – 2,60 km/h
2. Rückwärtsgang	5,33 – 10,60 km/h

Abbildungen und technische Angaben unverbindlich. Änderungen vorbehalten.

Datenblatt für den Hanomag-Schlepper Perfekt 300, der von 1962 bis 1964 produziert wurde.

K
U 417

HANOMAG

PERFEKT 400 32 PS

EIN VIELDISKUTIERTER SCHLEPPER: PERFEKT 400

Der Schlepper ist das Herzstück der technischen Ausrustung eines Hofes. Der Perfekt 400 garantiert den Erfolg der Mechanisierung Ihres Betriebes. Er ist zugstark. Er ist vielseitig. Er ist robust. Er hilft die Produktionskosten zu senken. Kosten senken — das ist der entscheidende Sinn jeder Mechanisierung. Und der Perfekt ist komfortabel. Im doppelten Sinne. Er ist leicht zu bedienen. Er ist leise. Er nimmt Ihnen manche Knochenarbeit ab. Denken Sie z. B. an den Frontlader. Oder an die Möglichkeit der Zwischenachsgeräte. An die Regelhydraulik. Alles Vorteile, die Sie schätzen werden. Prüfen Sie, ob er hält, was wir versprechen. Er tut es. Für den Perfekt 400 legen wir die Hand ins Feuer.

Etwas emotionslos gab sich die Werbung für den Perfekt 400 mit 32 PS.

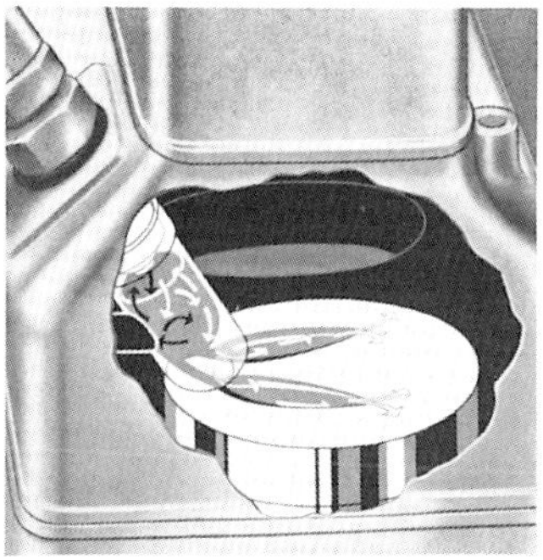

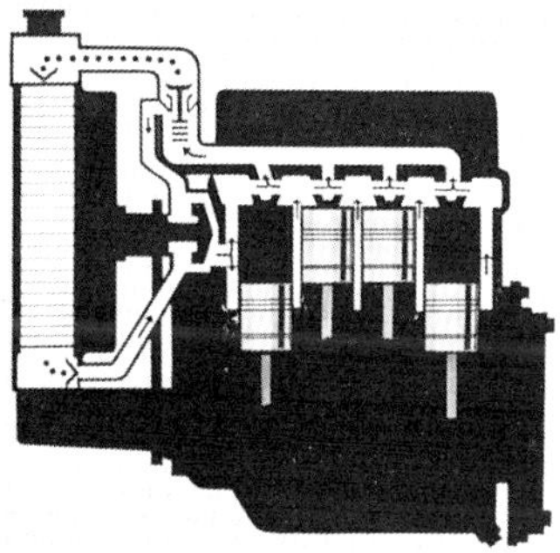

Der Perfekt 400 war mit mit einem modernen, elastischen Borgward-Motor ausgerüstet.

Dieser Motor ist eine Neukonstruktion. Sie sehen den Unterschied nicht nur, Sie können ihn sogar hören: Er läuft leise wie ein Diesel-Pkw-Motor. Jahrelange Erprobung gewährleistet seine Lebensdauer. Außerdem: Im TEMPO-Matador bauen wir ihn mit 50 PS ein. Er ist also ein Motor für höhere Leistungen. Im Schlepper läuft er bei 2400 U/min. nur im mittleren Leistungsbereich.Das wirkt sich auf seine Lebensdauer aus. Die Wirbelkammer mit zwei Schußkanälen bewirkt einen äußerst sparsamen Verbrauch und den besonders leisen und weichen Lauf. Der Kraftstoff wird beim Einspritzen in die Wirbelkammer besonders intensiv mit der komprimierten Luft gemischt. Dann durch Schußkanäle in zwei zigarrenförmige Vertiefungen gesprüht. Das bedeutet zusätzliche Verwirbelung. Die Folge: Der Kraftstoff wird schnell und restlos verbrannt. Er wird besser ausgenutzt. Gleichzeitig wird das sogenannte Dieselnageln vermieden. Dazu Wasserkühlung. Alle wärmebeanspruchten Partien im Motorblock werden vom Kühlstrom getroffen. Die Temperaturen bleiben konstant. Ferner: Wasser hält Temperaturen über längere Zeit. Nach kurzen Pausen ist also nicht jedesmal ein am Motor zehrender neuer Kaltstart notwendig. Außerdem ist Wasser geräuschdämpfend!

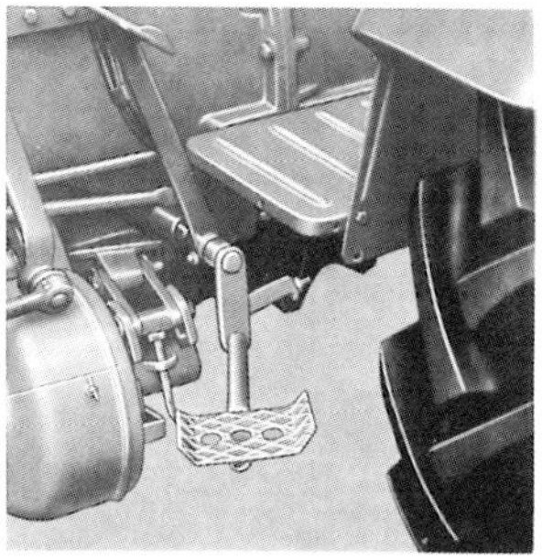

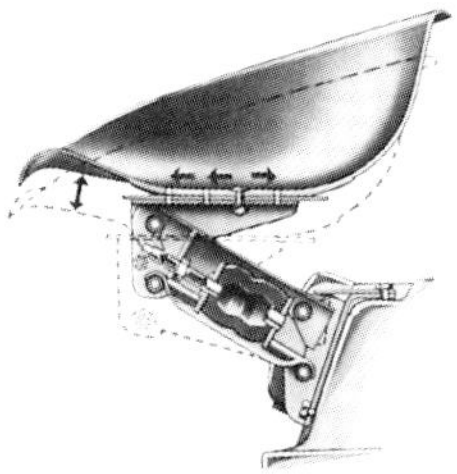

Der Landwirt verbringt die Hälfte seiner Arbeit auf dem Schlepper. Wir haben daher alles getan, um den Schlepper möglichst bequem zu machen. Nehmen Sie den Parallelogrammschwingsitz. Er läßt sich genau auf Ihre Größe und Ihr Gewicht einstellen. Eine Kleinigkeit? Gut! Doch diese Kleinigkeit kann Ihnen den Weg zum Arzt ersparen. Der HANOMAG-Sitz entspricht arbeitsmedizinischen Forderungen. Dazu der bequeme seitliche Aufstieg. Nichts stört oder hindert. Sitz und Lenkrad sind einander so zugeordnet, daß der geringste Kraftaufwand für das moderne Sicherheitslenkrad(Tulpenform)aufgewendet werden muß, daß Kupplung und Bremse leicht zu treten sind. Übrigens ist die Lenkung leicht wie beim Pkw. Und der Lenkeinschlag? 50 nach beiden Seiten! Also ein Wenderadius von nur 3,50 m, mit Lenkbremse sogar 3,20 m. Die anderen Hebel? Alle leicht zu erreichen. Nebensächlichkeiten? Sie als Landwirt plagen sich genug. Darum achten wir auch auf solche Details.

Dieser Hanomag-Schlepper bot nicht nur einen gewissen Komfort, sondern war auch stark an der Hydraulik.

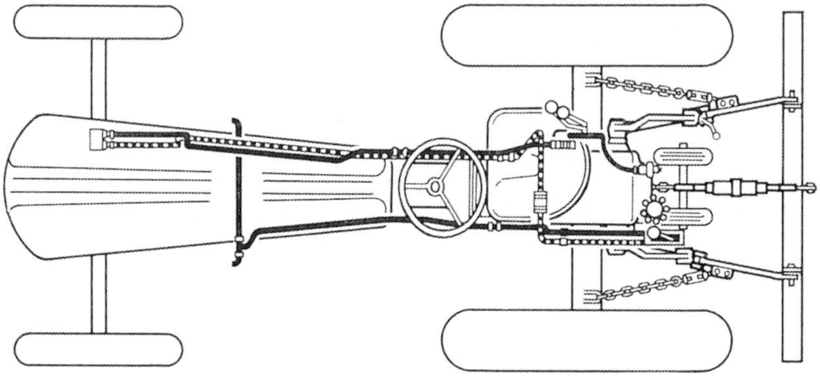

HANOMAG

Perfekt 300 - 25 PS
Perfekt 400 - 32 PS

Mit der Wiedereinführung strengerer, eckigerer Formen unternahm man ab 1964 bei Hanomag den Versuch, durch ein neues Design den Umsatz zu beleben.

SPR
H 453

Zwei Perfekt-Typen bietet HANOMAG. Den Perfekt 400 mit 32 PS, den Perfekt 300 mit 25 PS. Beide sind nach gleichen Konstruktionsmerkmalen gebaut. Beide sind stark, für ihre Klasse sogar sehr stark. Stark im Zug, stark an der Hydraulik, stark an der Zapfwelle. Und sie sind vielseitig. 3 Arbeitsräume stehen Ihnen serienmäßig zur Verfügung: vorn, zwischen den Achsen und hinten. Tausendfach haben sich die Perfekt-Typen in der bäuerlichen Praxis bewährt. Diese Ackerschlepper sind ausgereift. Sie sind niedrig und kompakt. Sie wurden zu Spitzenschleppern ihrer Klasse mit vorbildlichem Fahr- und Bedienungskomfort, zu Schleppern, bei denen sich ansprechende Formgebung und vollendete Technik harmonisch miteinander verbinden. Beide Perfekt-Typen sind robuste Maschinen, typische HANOMAG-Schlepper. Sie sind nicht kleinzukriegen, wo immer sie eingesetzt werden. Ihre 25 bzw. 32 PS bringen sie voll an den Boden. Das begründet ihre außergewöhnliche Leistungsstärke. Die besonderen Probleme der Landwirtschaft wurden natürlich berücksichtigt. Ein Mann baut mühelos den Frontlader, das Mähwerk, Zwischenachsgeräte und die Dreipunkt-Ackergeräte an [illegible] an. Er ist ebenfalls in der Lage, allein mit Schlepper und Gerät alle anfallenden Arbeiten im landwirtschaftlichen Betrieb auszuführen. Sie sollten diese Perfekt-Schlepper in der Praxis kennenlernen. Setzen Sie sich mit Ihrem HANOMAG-Händler in Verbindung, er führt Ihnen gern den Perfekt 300 und den Perfekt 400 auf Ihrem Hof vor. Dann prüfen Sie bitte, was wir gesagt haben. Nehmen Sie die Schlepper hart ran. Wir sind sicher, Sie werden zufrieden sein.

Das Thema Rationalisierung stand im Vordergrund; auch in der Landwirtschaft gab es Personalprobleme.

Bei Hanomag war der Schlepperbau nicht mehr kostendeckend. Noch aber gab man ihn nicht auf...

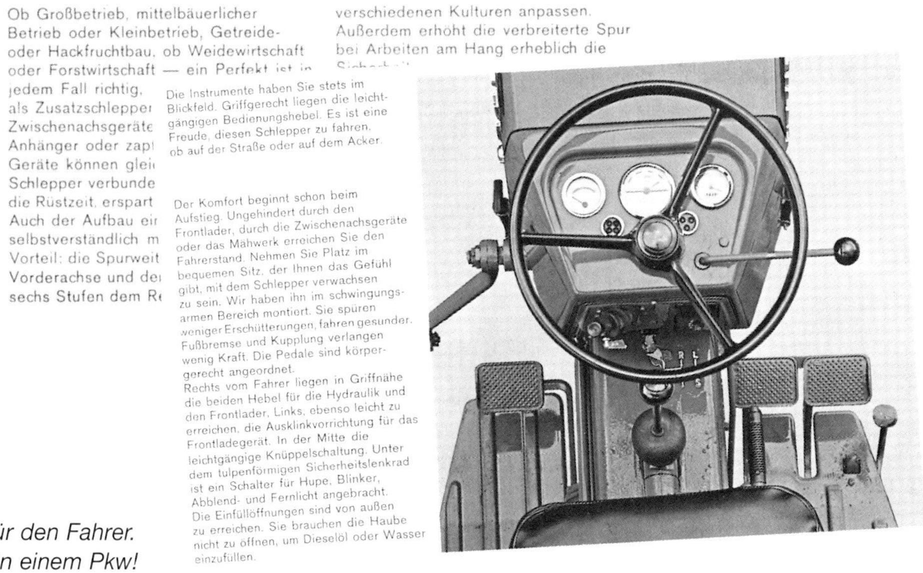

Ob Großbetrieb, mittelbäuerlicher
Betrieb oder Kleinbetrieb, Getreide-
oder Hackfruchtbau, ob Weidewirtschaft
oder Forstwirtschaft — ein Perfekt ist in
jedem Fall richtig,
als Zusatzschlepper
Zwischenachsgeräte
Anhänger oder zap
Geräte können glei
Schlepper verbunde
die Rüstzeit, erspart
Auch der Aufbau ei
selbstverständlich m
Vorteil: die Spurweit
Vorderachse und de
sechs Stufen dem R

verschiedenen Kulturen anpassen.
Außerdem erhöht die verbreiterte Spur
bei Arbeiten am Hang erheblich die

Die Instrumente haben Sie stets im Blickfeld. Griffgerecht liegen die leichtgängigen Bedienungshebel. Es ist eine Freude, diesen Schlepper zu fahren, ob auf der Straße oder auf dem Acker.

Der Komfort beginnt schon beim Aufstieg. Ungehindert durch den Frontlader, durch die Zwischenachsgeräte oder das Mähwerk erreichen Sie den Fahrerstand. Nehmen Sie Platz im bequemen Sitz, der Ihnen das Gefühl gibt, mit dem Schlepper verwachsen zu sein. Wir haben ihn im schwingungsarmen Bereich montiert. Sie spüren weniger Erschütterungen, fahren gesunder. Fußbremse und Kupplung verlangen wenig Kraft. Die Pedale sind körpergerecht angeordnet.
Rechts vom Fahrer liegen in Griffnähe die beiden Hebel für die Hydraulik und den Frontlader. Links, ebenso leicht zu erreichen, die Ausklinkvorrichtung für das Frontladegerät. In der Mitte die leichtgängige Knüppelschaltung. Unter dem tulpenförmigen Sicherheitslenkrad ist ein Schalter für Hupe, Blinker, Abblend- und Fernlicht angebracht.
Die Einfüllöffnungen sind von außen zu erreichen. Sie brauchen die Haube nicht zu öffnen, um Dieselöl oder Wasser einzufüllen.

Komfort für den Fahrer. Beinahe wie in einem Pkw!

Die vielfältigen Einsatzmöglichkeiten der Hydraulik standen immer wieder im Vordergrund bei der Hanomag-Werbung.

HANOMAG leistete Pionierarbeit in der Entwicklung des Frontladers. Ihnen kommen die gewonnen Erkenntnisse zugute. Serienmäßig sind alle Bohrungen und Hydraulikanschlüsse, auch für den nachträglichen Frontladeranbau, vorhanden.
Der Perfekt hebt am Lasthaken des Frontladers beachtliche 650 kg.
Das Heben und Senken läßt sich jederzeit unterbrechen, direkt gegenüberliegende „Frontladergänge" ermöglichen leichtes Manövrieren beim Arbeiten auf engstem Raum.
Die max. Hubhöhe beträgt 3 m, mit Verlängerung sogar 4,35 m. Für jedes Ladegut gibt es eine passende Gabel oder Schaufel: z. B. die Rübengabel mit einer Ladeleistung von 150 dz/Std., eine Futtergabel mit hydraulischer Abschiebevorrichtung, eine Vielzweckgabel mit herausnehmbaren Zinken, außerdem Erdschaufel, automatische Heuzange u. a.

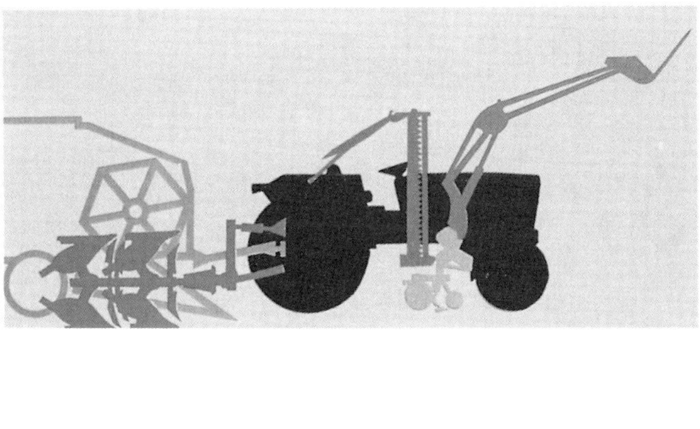

Die Vielseitigkeit des Perfekt wird deutlich durch die serienmäßigen drei Arbeitsräume und die zahlreichen Hydraulikfunktionen.

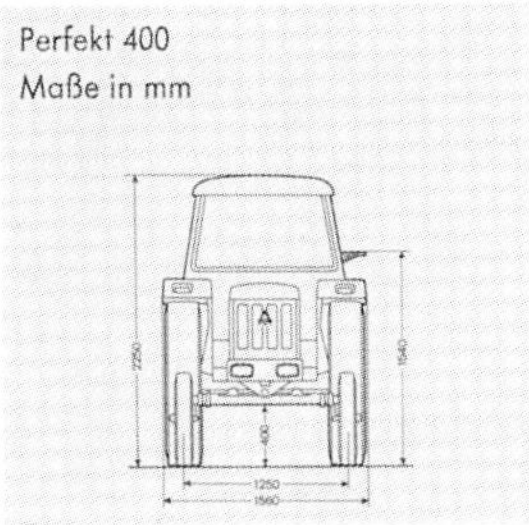
Perfekt 400
Maße in mm

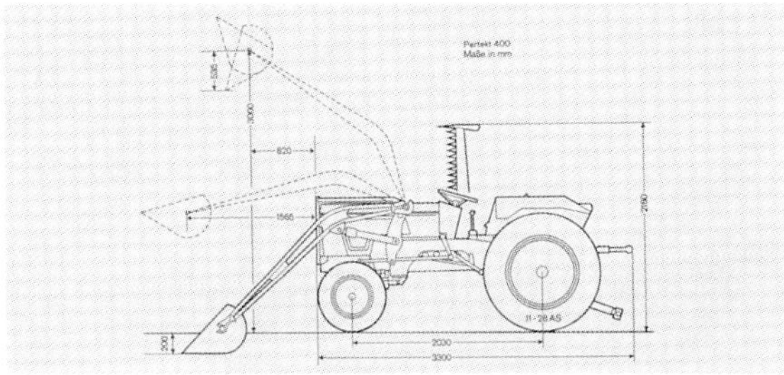

Die technischen Daten des Hanomag Perfekt 300 und Perfekt 400.

	Perfekt 300	Perfekt 400
Aufbau		
Blockbauweise, langgestreckt, günstige Schwerpunktlage; Motor, Batterie und Kraftstoffbehälter leicht zugänglich. Bequemer Aufstieg von beiden Seiten, geräumiger Fahrerstand, modernes Sicherheitslenkrad, körpergerechter Sitz. Vorderachse und Hinterradfelgen sechsfach spurverstellbar.		
Handbremse	wirkt unabhängig von der Fußbremse auf das Getriebe	
Fußbremse	Innenbackenbremse mit Servo-Wirkung. Als Lenkbremse mit Einzelradbremsung, für Straßenfahrt Pedale gekoppelt.	
Kotflügel	höhenverstellbar	
Zugmaul	in der Höhe verstellbar	
Motor		
Arbeitsweise	4-Takt-Diesel	4-Takt-Diesel
Zylinderzahl	4	4
Hubraum	1,8 l	1,8 l
Leistung	25 PS	32 PS
Drehzahlbereich	600 – 2400 U/min	600 – 2400 U/min
Kühlung	Thermostat-Zweikreis-Wasserkühlung, strömungsgerichtet, wartungsfrei, mit Frostschutzdauerfüllung	
Kupplung	Einscheiben-trockenkupplung	Doppelkupplung m. Zweistufenpedal
Hydraulik	HANOMAG-Blockhydraulik mit 2 Schaltkreisen. Serienmäßig Anschluß für Dreipunktaufhängung (Kategorie I), Mähwerk, Zwischenachsgerät und Abreißkupplung. Auf Wunsch dritter Schaltkreis für Frontlader. Alle Geräte können gleichzeitig angebaut sein.	
Hydraulikpumpe	kupplungsunabhängig angetrieben	
Regelsysteme	Freiganghydraulik mit Raddruckverstärker, Kategorie I (Serie) oder Pilot-Regelhydraulik bzw. Zugwiderstands-Regelhydraulik (Sonderausrüstung).	
Hubkraft an der Ackerschiene	1300 kg	1300 kg
Frontlader		
Bauart	HANOMAG Gr. II	HANOMAG Gr. II
Hubkraft (Lasthaken)	650 kg	650 kg
(Ladeschwinge)	610 kg	610 kg
(Verlängerung)	340 kg	340 kg
Reißkraft	850 kg	850 kg
Hubhöhe (Ladeschwinge)		
normal	3,00 m	3,00 m
mit Verlängerung	4,35 m	4,35 m

	Perfekt 300	Perfekt 400
Maße, Gewichte, Drehzahlen		
Länge über alles	3300 mm	3300 mm
Breite über alles (Normalspur)	1560 mm	1560 mm
Höhe Oberkante Beifahrersitz	1510 mm	1540 mm
Höhe mit Mähwerk	2160 mm	2180 mm
Radstand	2030 mm	2030 mm
Spurweiten vorn	1250 / 1375 / 1500 / 1600 / 1700 / 1800 mm	
hinten	1250 / 1370 / 1380 / 1500 / 1600 / 1720 mm	
Kleinster Wenderadius (mit Lenkbremse)	3200 mm	3200 mm
Zapfwellendrehzahl	570 U/min	570 U/min
Riemenscheiben-∅	225 mm	225 mm
Riemenscheibendrehzahl	1495 U/min	1495 U/min
Betriebsgewicht in serienmäßiger Ausrüstung	1675 kg	1770 kg
Bereifung		
vorn Serie	5.00 – 16 AS Front	5.50 – 16 AS Front
auf Wunsch	5.50 – 16 AS Front	6.00 – 16 AS Front
	6.00 – 16 AS Front	
hinten Serie	9 – 32 AS	11 – 28 AS
auf Wunsch	9 – 36 AS	9 – 32 AS
	10 – 28 AS	9 – 36 AS
	11 – 28 AS	

Geschwi

1. Gang
2. Gang
3. Gang
4. Gang
5. Gang
6. Gang
1. Rückwä
2. Rückwä

Sonderaus

Abb

Auch die Pflegeleichtigkeit des Hanomag war ein gutes Verkaufsargument.

HANOMAG

Perfekt 400 E
34 PS

**Mehrbereichsschlepper für Ein-Mann-Arbeit. Als Pflegeschl
und Zugschlepper gleich gut geeignet. Robuster Motor mit 3
Leichtschaltgetriebe mit 9 Vorwärts- und 3 Rückwärtsgä
Zwei Zapfwellen. Hohe Zug- und Zapfwellenleistung. Gün
Gewichtsverteilung. Drei Arbeitsräume für Anbaugeräte. We
und schnell bei der Frontladerarbeit.**

Mit wenigen Handgriffen sind Geräte an Dreipunkt-Hydraulik und Zapfwelle angebaut, an Ackerschiene oder Zugmaul angehängt. Dabei ist der lange Steckbolzen des Zugmaules vorteilhaft – er ist vom Fahrersitz aus bequem zu erreichen.

Und es sind zwei Zapfwellen (540 U/min und 1000 U/min) vorhanden. Sie können auch umschaltbare Fräsen, Pumpen und Gebläse mit 1000 U/min antreiben. Zwischenachsgeräte lassen sich ebenso wie alle anderen Geräte von einem Mann mit wenigen Handgriffen anbauen. Es geht minutenschnell. Frontlader und Seitenmähwerk stören dabei ebenso

Der Perfekt 400 E bietet den Fahrkomfort, den Sie heute und morgen verlangen. Sie können auf den geräumigen Fahrerstand von beiden Seiten ungehindert aufsteigen und im körpergerechten Komfort-Schwingsitz Platz nehmen. Er ist im schwingungsarmen Raum vor der Hinterachse aufgebaut und gehört zur Serienausstattung.

Das Armaturenbrett ist übersichtlich und blendungsfrei. Die Schalthebel sind griffnah und die Pedale arbeitsgerecht angeordnet und leichtgängig. Ein griffiges Sicherheits-Lenkrad gehört ebenfalls zum Fahrkomfort.

wenig wie bei der Arbeit. Sie können sogar an die Hydraulik angeschlossen bleiben, weil sechs verschiedene Hydraulik-Funktionen bei drei Steuerkreisen vorhanden sind. Das vermindert die Rüstzeiten noch mehr, macht die Ein-Mann-Arbeit noch wirtschaftlicher.

Ebenfalls hier die Betonung, daß ein Mann ausreiche, um alle Arbeiten mit dem Hanomag-Schlepper auszuführen. Ein Prospekt von 1967.

Die Vielseitigkeit der Ein-Mann-Arbeit wird bei der Rüben- und Kartoffelpflege besonders deutlich. Die Pflegegeräte werden im Arbeitsraum zwischen den Achsen eingehängt. – Der dafür erforderliche hydraulische Geräteaufzug ist auch nachträglich schnell angebaut. Alle Anschlüsse sind vorhanden. – Der Schlepperfahrer führt die Zwischenachsgeräte allein durch die Reihen. Er hat gute Sicht auf den Arbeitsraum. Die Geräte werden haargenau gesteuert, weil sich der Lenkausschlag zwischen den Achsen kaum bemerkbar macht. Das ist so wichtig wie die sechsfach spurverstellbaren Räder zum Anpassen der Spurbreite an den Reihenabstand.

Der Perfekt 400 E bringt seine 34 PS voll an den Boden. Das Verhältnis von PS und Schleppergewicht ist günstig, der Schwerpunkt liegt tief und die Gewichtsverteilung ist ausgezeichnet. Deshalb zieht der Schlepper sogar auf dem Acker schwere Lasten und Geräte.
Für die Bodenbearbeitung können Sie 3 verschiedene Regeleinrichtungen wählen: Die Freigang-Hydraulik mit Lageregelung, die Zugwiderstands-Regelhydraulik und die Pilot-Regelhydraulik mit echter Tiefenregelung.
Bei der Zapfwellenarbeit wird die Motorkraft mit mehr als 90 Prozent auf die Zapfwellen übertragen. Die eine läuft mit Normaldrehzahl 540 U/min, die andere mit 1000 U/min.
Das ist vorteilhaft: Sie können alle Zapfwellengeräte mit ihrer Normdrehzahl von 540 U/min antreiben, gleichgültig, ob mit voller oder halber Motordrehzahl gefahren wird. Die Drehzahl läßt sich mit dem Drehzahlmesser leicht überwachen.

Bei der Frontladerarbeit können Sie die Ladekraft des Perfekt 400 E auf Feld und Hof richtig ausnutzen. Er ist wendig und schnell. Der Wenderadius beträgt nur 3,2 m. Die Gangschaltung und die Bedienungshebel des Frontladers sind in unmittelbarer Nähe des Lenkrades angeordnet. Darüber hinaus wird die Ladeschwinge verblüffend schnell gehoben und gesenkt. Sie hebt 650 kg, weil die von der Fahrkupplung unabhängige Hydraulikpumpe stark ist. Ihre Leistung: 20 l/min bei einem Druck von 150 atü.

HANOMAG
perfekt 400 E

Landwirte waren Argumenten wie Mehrbereichsschlepper, Ein-Mann-Betrieb, Wendigkeit, Schnelligkeit und Wirtschaftlichkeit stets aufgeschlossen.

Bilder vom praktischen Einsatz durften in einem Hanomag-Prospekt nicht fehlen (1967).

Der Perfekt 400 E spart Zeit und Arbeitskraft. Für Anbaugeräte stehen drei Arbeitsräume zur Verfügung – vorn, zwischen den Achsen und hinten. Jedes Gerät kann von einem Mann an- und abgebaut werden. Frontlader, Mähwerk, Zwischenachsgerät, Anhänger oder zapfwellengetriebene Geräte können gleichzeitig mit dem Schlepper verbunden sein – auch wenn der Perfekt 400 E mit Verdeck gefahren wird. Ihr Vorteil: verkürzte Rüstzeiten, vermiedene Wege – kurzum gesparte Arbeitszeit.

Darüber hinaus können Sie mit dem Perfekt 400 E Arbeitsspitzen brechen. Ein Mann ist in der Lage, zwei aufeinanderfolgende Arbeiten in einem Arbeitsgang zu erledigen. Er kann z. B. mit einem Zwischenachsgerät grubbern und zugleich mit der Eggenkombination für Dreipunkt-Anbau arbeiten.

HANOMAG ROBUST 800 75 PS

Beim Robust 800 knüpfte man mit Argumenten wie Stärke und gewaltige Zugkraft argumentativ an alte Hanomag-Tugenden an.

Diese 10 Pluspunkte sprechen für den Robust 800

1. Der 75-PS-Vierzylinder-Viertakt-Motor
2. Das bewährte Getriebe
3. Die strömungsgerichtete Thermostat-Zweikreis-Kühlung
4. Das günstige Gewicht
5. Die starke Hydraulik
6. Der ausgezeichnete Fahrkomfort
7. Die unter Last schaltbare Motorzapfwelle
8. Die gefederte Vorderachse
9. Die guten Bremsen
10. Die gewaltige Zugkraft

Technische Daten – Robust 800

Aufbau

[illegible]

Motor

[illegible]

Kupplung

[illegible]

Hydraulik

[illegible]

Füllmengen

[illegible]

Maße, Gewichte, Drehzahlen

[illegible]

Bereifung

[illegible]

Geschwindigkeiten

[illegible]

Der Robust 800 war mit 75 PS ein besonders stark motorisierter Schlepper. Es gab ihn von 1964 bis 1969.

50 PS **HANOMAG** BRILLANT

Prospekt für den Hanomag Brillant 600 mit 50 PS.

HANOMAG
Brillant 600
H-LH 835

Der HANOMAG Brillant erfüllt die Wünsche der Praxis nach einem starken, vielseitigen und voll ausgerüsteten Schlepper. Hydraulik für Frontlader und Dreipunkt-Aufhängung, Motorzapfwelle mit Doppel- kupplung und Kriechganguntersetzer (10 Vorwärts-, 2 Rückwärts- gänge) sind serienmäßig eingebaut. Dazu kommt die hervorragende Zugkraft, seit jeher ein besonderes Plus der HANOMAG-Schlepper. Hundertausendfach bewährt ist der Vierzylinder-Diesel aus der berühmten HANOMAG-Viertakterserie; jetzt noch besser durch das neue Ricardo-Verfahren. Großer Lenkeinschlag (Bild 1), be- quemer Seitenaufstieg (Bild 2), gepolsterter Parallelogramm-Sitz mit hydraulischer Dämpfung (Bild 3), leichtes Lenken auch beim Frontladen und gute Sicht sind weitere wichtige Vorteile. Und mit der neuen Pilot-Regelhydraulik (DBP) werden jetzt alle Anbau- pflüge und Anbaugeräte, die einen gleichmäßigen Tiefgang verlan- gen, viel besser eingesetzt (Bild 4). Ein Test in der Praxis beweist, was der Brillant wirklich leistet. Überzeugen Sie sich einmal selbst!

1

2

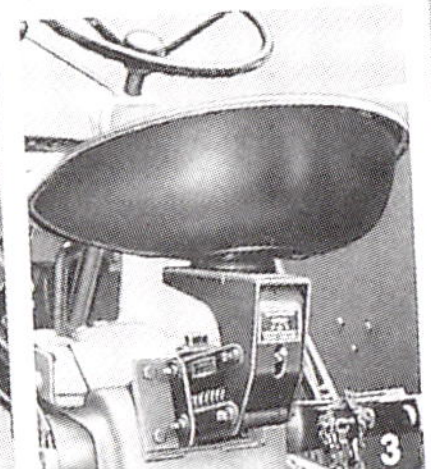

3

4

HANOMAG BRILLANT 600

Für den vielseitigen Frontlader

ist der Brillant ganz ideal. Der starke Rahmen erhält vom Werk aus bereits sämtliche Bohrungen, so daß auch der nachträgliche Anbau kein Problem ist. Die kräftige Kupplung bewältigt mühelos die hohen Belastungen der Ladearbeit. Andere Geräte wie z. B. das Mähwerk werden vom Frontlader nicht behindert, wodurch Arbeitskombinationen möglich sind. Auch das Fahrerdach stört dabei nicht.

Das vollhydraulische System

des Brillant ist dank der kräftigen Pumpe überaus leistungsstark. 1 500 kg beträgt die Hubkraft an der Ackerschiene! Da die Pumpe direkt vom Motor angetrieben wird, ist die gesamte Hydraulik von Kupplungsvorgängen unabhängig. Ein Vorteil beim Frontladen! Auch die Zapfwelle kann bei ausgekuppeltem Schlepper weiterlaufen und so z. B. beim Mähdrusch Rückstände aufarbeiten.

Für den Brillant 600 und seine Technik wurde bereits unter dem Rheinstahl-Bogen geworben.

Technische Daten

Aufbau
Robuste Rahmenbauweise, ideal für Frontladeranbau, günstige Schwerpunktlage. Motor, Batterie und Kraftstoffbehälter leicht zugänglich. Seitenaufstieg, geräumiger Fahrerstand, bequemer gepolsterter Sitz.

Vorderachse	gefedert, spurverstellbar
Handbremse	Getriebebremse, feststellbar, unabhängig von d. Fußbremse
Fußbremse	Einzelradbremsung durch Fußpedale, für Straßenfahrt gekoppelt
Kotflügel	verstellbar
Zugmaul	in der Höhe verstellbar
Motor	Vierzylinder-Viertakt-Dieselmotor 50 PS
Hubraum	2,8 l
Bohrung	90 mm
Hub	110 mm
Drehzahlbereich	500–2300 U/min
Kühlung	Thermostat-Zweikreis-Wasserkühlung
Kupplung	Doppelkupplung mit Zweistufen-Fußpedal
Hydraulik	vollhydraulische Anlage mit Anschluß für Dreipunktaufhängung und Frontlader. Dreipunktaufhängung Kategorie II
Hydraulikpumpe	direkt am Motor, kupplungsunabhängiger Antrieb
Regelsystem	Pilot-Regelhydraulik DBP

Hubkraft an der Dreipunkt-Kupplung 1500 kg

Füllmengen

Motor	7 l
Hydraulik	10,5 l
Getriebe	20 l
Kraftstoffbehälter	67 l
Kühlsystem	14 l

Frontlader

Bauart	HANOMAG Gr. III
Nutzlast	800 kg
Reißkraft	860 kg
Hubhöhe (Drehpunkt) normal	2990 mm
mit Verlängerung	4750 mm

Maße, Gewichte, Drehzahlen

Länge über alles	3550 mm
Breite über alles (Normalspur)	1840 mm
(größte Spur)	2140 mm
Höhe Oberkante Lenkrad	2000 mm
Radstand	2104 mm
Spurweite bei Serienbereifung 11-38 AS	1500 mm
Kleinster Wenderadius (mit Lenkbremse)	3500 mm
Zapfwellen-Drehzahl	558 U/min
Riemenscheiben-Drehzahl	1440 U/min
Riemenscheiben-Ø	265 mm
Betriebsgewicht in serienmäßiger Ausrüstung	2520 kg

Bereifung
vorn: 6.00-20 AS Front (Serie), 6.00-16 AS Front
hinten: 11-38 AS (Serie), 11-32 AS, 11-36 AS, 13-30 AS, 14-30 AS

Geschwindigkeiten
mit Bereifung 11-38 AS (von 1/2 bis Nenndrehzahl)

1. Gang	2,05 – 4,09 km/h
2. Gang	3,10 – 6,21 km/h
3. Gang	4,12 – 8,25 km/h
4. Gang	6,35 – 12,71 km/h
5. Gang	10,04 – 20,00 km/h
Rückwärtsgang	3,68 – 7,35 km/h

untersetzt

1. Gang	0,73 – 1,47 km/h
2. Gang	1,12 – 2,24 km/h
3. Gang	1,48 – 2,97 km/h
4. Gang	2,29 – 4,58 km/h
5. Gang	3,61 – 7,22 km/h
Rückwärtsgang	1,32 – 2,64 km/h

Abbildungen und technische Angaben unverbindlich. Änderungen vorbehalten.

Die nüchternen Schlepper-Formen schlugen sich auch in der Graphik der Prospekte nieder.

HANOMAG

Granit 500
40 PS

Für jeden Betrieb ist dieser starke Mittelklasse-Schlepper geeignet ... für den Klein- und Mittelbetrieb als Allround-Maschine, für den Großbetrieb als wirtschaftlicher Zweitschlepper.
Der Granit ist besonders zugstark mit echten 40 PS. Die Kraft gibt ihm der tausendfach bewährte 4-Takt-Motor, der auch bei hoher Leistung äußerst laufruhig arbeitet – als Auswirkung der Zweikreis-Wasserkühlung.
Zwischen 3 Regelsystemen können Sie bei der Hydraulik des Granit wählen: zwischen der von HANOMAG entwickelten, bewährten Pilot-Regelhydraulik, der Zugwiderstands-Regelhydraulik und der Freiganghydraulik mit Lageregelung.
Die Pilot-Regelhydraulik garantiert eine stets gleichbleibende Arbeitstiefe für Anbaupflug und alle Dreipunktgeräte, ohne Rücksicht auf wechselnde Böden, Unebenheiten oder Ernterückstände. Diese sorgfältige Bodenbearbeitung bedeutet eine Voraussetzung für besseres Wachstum. Dieses Regelsystem verhindert gleichzeitig Schlupf bei schwerer Arbeit. Erfolg für Sie: größere Flächenleistung bei weniger Kraftstoffverbrauch und geringerem Reifenverschleiß, dazu kein Verschmieren des Bodens durch Schlupf

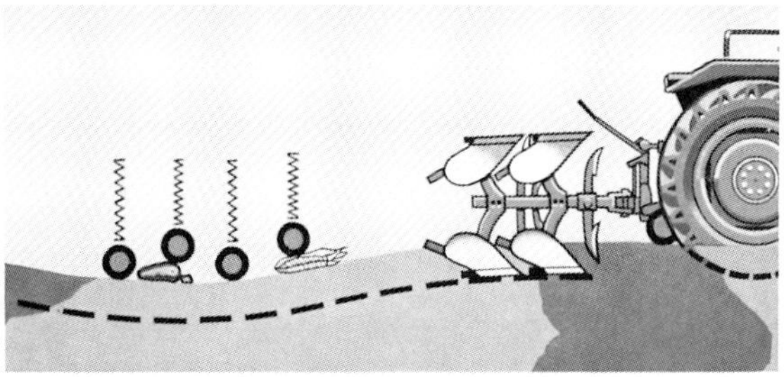

Funktionalität steht im Vordergrund. Der Granit 500 wurde Großbetrieben als Zweitschlepper empfohlen.

Anwendungsmöglichkeiten wurden in Bild, Graphik und Text veranschaulicht.

Wir nennen den Granit »den vielseitigsten
Schlepper seiner Klasse«; er ist der einzige
40 PS-Zugschlepper, bei dem Sie Geräte
vorn, hinten und auch zwischen den Achsen
anbauen können. Zwischenachsgeräte be-
deuten Wirtschaftlichkeit. Ein Mann kann
sie mühelos einhängen. Er steuert sie auch
allein durch die Kulturen. Dabei hat er stets
gute Sicht auf die Geräte. Der Zwischen-
achsgeräterahmen kann auch nachträglich
leicht angebaut werden, da die Bohrungen
dafür serienmäßig vorhanden sind. Auch der
Anschluß mit Steuerventil für die Zwischen-
achs-Hydraulik ist serienmäßig.
Weitere Vorteile dieses Schleppers: Bei
großer Bodenfreiheit tiefer Schwerpunkt.
Die Spurweite läßt sich bei der Vorder-
achse und den Hinterradfelgen in sechs
Stufen dem Reihenabstand der verschie-
denen Kulturen anpassen. Außerdem erhöht
die verbreiterte Spur die Sicherheit bei Ar-
beiten am Hang.

Übrigens: 6 verschiedene Hydraulik-Funk-
tionen machen die Vielseitigkeit des Granit
besonders deutlich (Dreipunkt, Frontlader,
Mähwerk, Zwischenachsgerät, Abreißkupp-
lung, Abschiebegabel). Und kurze Rüstzeit
bedeutet Wirtschaftlichkeit. Darum können

Frontlader, Zwischenachs…
werk, Anhänger oder zapf…
Gerät gleichzeitig …
verbunden sein. Der zus…
eines Verdeckes ist selbstv…
möglich.

Das Herz des Granit ist ein bewährter,
starker 3 Zylinder-Kurzhub-Motor mit aus-
wechselbaren Laufbuchsen. Die Kurbelwelle
ist 4-fach gelagert und um 120° stern-
förmig gekröpft – daher die besondere
Laufruhe des Motors. Ein Spezial-Brenn-
verfahren (Ricardo) sorgt für optimale
Brennstoffausnutzung und Startfreudigkeit.

Zweikreis-Wasserkühlung
Dieses Thermostat-Kühlsystem garantiert
eine konstante Betriebstemperatur. Für den
Motor heißt das: längere Lebensdauer. Die
Wasserkühlung bedeutet gleichzeitig Fahr-
komfort, denn der Wassermantel wirkt als
»Schalldämpfer« und ermöglicht den bei
HANOMAG-Motoren bekannten leisen Lauf.
Wichtig für Sie: in dem überdimensionierten
Kühler befindet sich eine Frostschutz-Dauer-
füllung.

Neues Leichtschaltgetriebe
Das neue, feinabgestufte Getriebe bietet
beim Granit mit 9 Vorwärts- und 3 Rück-
wärtsgängen für jede Arbeit die günstigste
Geschwindigkeit. Spielend lassen sich die
einzelnen Gänge einlegen – wie bei einem
Pkw.

9. Gang
8. Gang
7. Gang
6. Gang
5. Gang
4. Gang
3. Gang
2. Gang
1. Gang
0
5
10
15
20 km/h
1. R. Gang
2. R. Gang
3. R. Gang
15
14
13
12
11
10
Drehmoment mkp
Md
1000
1500
2000
2400
Motordrehzahl n U/min

Am Heck eines Schleppers können mit wenigen Handgriffen die
Geräte an der Dreipunkthydraulik, an der Zapfwelle, am Zugmaul
oder an der Ackerschiene angebaut werden.
Das Zugmaul ist um 295 mm in der Höhe verstellbar. Dadurch
können Sie die enorme Zugkraft noch besser ausnutzen. Den ver-
längerten Vorsteckbolzen können Sie bequem vom Sitz aus erreichen.

Das maximale Drehmoment beim Motor des Granit: 13,5 mkg bei
1700 U/min.

Technische Daten und Graphiken wurden zunehmend in den Blickpunkt gerückt.

HANOMAG
H-PW 970

Neben Hydraulik und Wendigkeit spielte beim Schlepper nun auch die Ergonomie eine Rolle.

Schwere Arbeit wird mit dem Granit leicht, denn der Fahrer fühlt sich wohl auf dieser Maschine. Bequem steigt er auf – ungehindert durch Frontlader, Zwischenachsgerät und Mähwerk. Die Sitzposition ist äußerst günstig: man bekommt das Gefühl, mit dem Schlepper verwachsen zu sein. Gleichzeitig hat man gute Sicht auf jedes angebaute Gerät.
Zum Komfort gehört außerdem die körpergerechte Anordnung und die Leichtgängigkeit der Bedienungshebel und Pedale. Die Servo-Bremsen sind besonders groß ausgelegt. Auch mit gröbstem Schuhwerk lassen sich die Pedale für die Einzelradbremsung leicht und griffig betätigen.

Alle Einfüllöffnungen sind von außen zu erreichen. Unter der glasfaserverstärkten Polyesterhaube (nichtrostend, gleichzeitig schalldämpfend!) befindet sich der 65-Liter-große Tank. Bei diesem Inhalt braucht der Landwirt auch an einem noch so arbeitsreichen Tag nicht nachzutanken.

Der serienmäßige Schwingsitz berücksichtigt die neuesten arbeitsmedizinischen Erkenntnisse. Er schützt die Nierenpartie und besonders auch die Wirbelsäule des Fahrers. Die Rückenlehne des Granit-Sitzes ist hochgezogen und weich gepolstert. Gleichzeitig gibt sie seitlich festen Halt – wichtig beim Pflügen und bei Arbeiten am Hang.

Der breite Fahrerstand ist komfortabel und übersichtlich gestaltet. Alle Instrumente haben Sie stets im Blickfeld. Kein Hebel stört die Beinfreiheit des Fahrers. Unter dem griffigen Sicherheitslenkrad ist ein Schalter für Hupe, Blinker, Abblend- und Fernlicht angebracht.

HANOMAG leistete Pionierarbeit in der Entwicklung des Frontladers. Ihnen kommen die gewonnenen Erkenntnisse zugute. HANOMAG-Schlepper und alle bei der Tochtergesellschaft, der Landmaschinenfabrik Essen (LFE), gebauten Geräte bilden eine konstruktive Einheit. So kommt vom Schlepper über Pflug, Zwischenachsgerät, Mähwerk, Heuwender bis hin zum Frontlader alles aus einer Hand. Sie merken es am leichten An- und Abbau der Geräte. Sie merken es am ungehinderten Aufstieg, auch wenn Zwischenachsgerät, Mähwerk und Frontlader gleichzeitig angebaut sind. Beim Frontladen selbst erkennen Sie noch mehr Vorteile.

Starke Hydraulik
Die Hydraulikpumpe wird direkt vom Motor – also unabhängig von der Kupplung – angetrieben. Ihre Leistung 19 l/min bei einem Druck von 150 atü. Der Granit hebt am Lasthaken des Frontladers beachtliche 1000 kg (an der Ackerschiene sogar 1650 kg). Serienmäßig eingebaut sind 2 Steuerkreise. Einer für den Dreipunkt-Kraftheber und der andere für Mähwerk, Zwischenachsgerät und Abreißkupplung. Auf Wunsch wird der dritte Steuerkreis für den Frontlader eingebaut. Grundsätzlich sind jedoch alle Bohrungen und Hydraulikanschlüsse, auch für den nachträglichen Frontladeranbau, vorhanden.

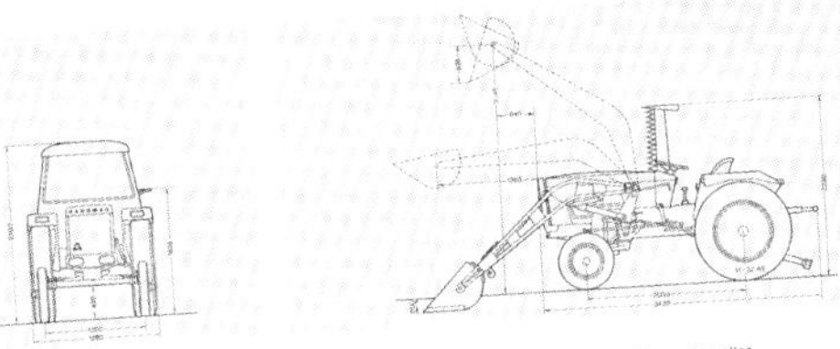

Aufbau
Blockbauweise. Langgestreckt, günstige Schwerpunktlage. Motor, Batterie und Kraftstoffbehälter leicht zugänglich. Bequemer Aufstieg von beiden Seiten, geräumiger Fahrerstand, modernes Sicherheitslenkrad, körpergerechter, gefederter Komfortsitz.
Vorderachse und Hinterradfelgen sechsfach spurverstellbar

Handbremse	wirkt unabhängig von der Fußbremse auf das Getriebe
Fußbremse	Innenbackenbremse mit Servo-Wirkung. Als Lenkbremse mit Einzelradbremsung, für Straßenfahrt Pedale gekoppelt
Kotflügel	höhenverstellbar
Zugmaul	in der Höhe verstellbar

Motor

3-Zylinder-Viertakt-Dieselmotor mit Wirbelkammerverfahren	40 PS
Bohrung	90 mm
Hub	110 mm
Drehzahlbereich	500–2400 U/min
Kühlung	Thermostat-Zweikreiswasserkühlung, strömungsgerichtet, wartungsfrei mit Frostschutzdauerfüllung

Kupplung	nachgeschaltete, trockene Doppelkupplung
Hydraulik	HANOMAG-Blockhydraulik mit 2 Schaltkreisen. Serienmäßig Anschluß für Dreipunktaufhängung, Mähwerk, Zwischenachsgerät und Abreißkupplung. Auf Wunsch dritter Schaltkreis für Frontlader. Alle Geräte können gleichzeitig angebaut sein. Bosch-Brillenpumpe, kupplungsunabhängig, Leistung 19 l/min bei Motor-Nenndrehzahl, Arbeitsdruck 150 atü, theoretisches Arbeitsvermögen 1319 mkp, Hubkraft an der Ackerschiene 1650 kg.
Regelsysteme	Freiganghydraulik mit Lageregelung (Serie) PILOT-Regelhydraulik DBP oder Zugwiderstandsregelung (auf Wunsch)

Füllmengen

Motor	ca. 6,5 l
Hydraulikanlage	ca. 12 l
Getriebe	ca. 24 l
Kraftstoffbehälter	ca. 65 l
Kühlsystem	ca. 12 l

Maße, Gewichte, Drehzahlen

Länge über alles	3420 mm
Breite über alles bei Norm-Spur	1580 mm
Höhe Oberkante, Beifahrersitz bei Serienbereifung	1540 mm
Radstand	2035 mm
Spurweiten, vorn	1250 / 1375 / 1500 / 1600 / 1700 / 1800 mm
Spurweiten, hinten	1250 / 1370 / 1380 / 1500 / 1600 / 1720 mm
Kleinster Wenderadius (mit Lenkbremse)	3200 mm
Zapfwellendrehzahl	570 U/min
Betriebsgewicht bei Serienausrüstung	2100 kg

Frontlader

Bauart	HANOMAG Gr. III
Hubkraft am Lasthaken	1000 kg
Hubkraft an der Ladeschwinge	880 kg
Reißkraft	1080 kg
Hubhöhe (Drehpunkt) normal	3,00 m
mit Verlängerung	4,35 m

Bereifung

vorn:	Serie 6.00–16 AS Front; auf Wunsch 5.50–16 AS Front und 7.50–16 AS Front
hinten:	Serie 11–32 AS; auf Wunsch 11–28 AS, 9–36 AS

Geschwindigkeiten
bei Bereifung 11–32 AS und 9–36 AS (von ½ bis Nenndrehzahl)

1. Gang	0,86 – 1,72 km/h
2. Gang	1,28 – 2,57 km/h
3. Gang	1,58 – 3,17 km/h
4. Gang	2,29 – 4,58 km/h
5. Gang	3,41 – 6,83 km/h
6. Gang	4,22 – 8,44 km/h
7. Gang	5,30 – 10,60 km/h
8. Gang	7,9 – 15,8 km/h
9. Gang	9,8 – 20,0 km/h
1. Rückwärtsgang	1,46 – 2,93 km/h
2. Rückwärtsgang	3,9 – 7,8 km/h
3. Rückwärtsgang	9,1 – 18,2 km/h

Sonderausrüstung
28 km/h Schnellganggetriebe

Abbildungen und technische Angaben unverbindlich
Änderungen vorbehalten.

Man blieb dem Interessenten keine Information schuldig.

Die Motorzapfwelle – 570 U/min bei Nenndrehzahl gibt über 90 % der Motorleistung ab. So kann einwandfrei ein schwerer Rüben-Vollernter oder ein Mähdrescher vom Granit gezogen werden. Die Arbeit mit der Zapfwelle beim Granit ist durch eine torsionsgedämpfte Doppelkupplung unabhängig vom Fahrantrieb. Dieser Vorteil wird z. B. beim Mähdreschen besonders deutlich, wenn im Hockendrusch gearbeitet wird. Wichtig für den Fahrer: Die Doppelkupplung ist überdimensioniert. Dadurch kann der Anpreßdruck klein gehalten werden und das Durchtreten des Pedals erfordert wenig Kraft.

Mit schwerem Gerät unterwegs: Hanomag Granit 500 im Einsatz.

Nicht originelle Graphik war mehr gefragt, sondern nüchterne Aussage über technische Details.

HANOMAG

Granit 500

Technische Daten

Der Schlepper mit den vielen Vorteilen

- Niedrige Kompakt-Form
- Ein Kraftpaket
- Hoher Drehmomentanstieg
- Sonorer Motorenklang
- HANOMAG-Einspritzverfahren
- Leichtschaltgetriebe
- Vielseitig
- Kurzer Wenderadius
- Sicher am Hang
- Gutes Leistungsgewicht

AUFBAU

Blockbauweise. Langgestreckt, günstige Schwerpunktlage. Motor, Batterie und Kraftstoffbehälter leicht zugänglich. Bequemer Aufstieg von beiden Seiten, geräumiger Fahrerstand, modernes Sicherheitslenkrad, gefederter Komfortsitz körpergerecht einstellbar. Hinterradfelgen fünffach spurverstellbar. Vorderachse und Hinterradfelgen auf Wunsch sechsfach verstellbar.

Handbremse	wirkt unabhängig von der Fußbremse auf das Getriebe.
Fußbremse	Innenbackenbremse mit Servo-Wirkung. Als Lenkbremse mit Einzelradbremsung, für Straßenfahrt, Pedale gekoppelt.
Kotflügel	höhenverstellbar
Zugmaul	in der Höhe verstellbar

MOTOR

3-Zylinder-Viertakt-Dieselmotor mit Hanomag-Einspritzverfahren. 40/45 PS DIN/SAE. Kompaktbauweise mit vierfach gelagerter sternförmig gekröpfter Kurbelwelle und auswechselbaren Zylinderbuchsen.

Bohrung	100 mm
Hub	100 mm
Drehzahlbereich	600–2600 U/min
Kühlung	Thermostat-Zweikreis-Flüssigkeitskühlung, strömungsgerichtet, wartungsfrei mit Frostschutzdauerfüllung.

KUPPLUNG

nachgeschaltete, trockene Doppelkupplung

GETRIEBE

Hanomag-Leichtschaltgetriebe, klauengeschaltet, 9 Vorwärts- und 3 Rückwärtsgänge arbeitsgerecht abgestuft, in 3 Gruppen zusammengefaßt.
Auf Wunsch als Schnellganggetriebe.

HYDRAULIK

Hanomag-Blockhydraulik mit Steuerkreis für Dreipunkt-Hydraulik und Anbaumöglichkeit von zwei weiteren Steuerkreisen für Mähwerk, Frontlader sowie Abreißkupplungen. Alle Geräte können gleichzeitig angebaut sein.
Bosch-Brillenpumpe kupplungsunabhängig, Leistung 20 l/min bei Nenndrehzahl, Arbeitsdruck 150 atü, Hubkraft an der Ackerschiene 1650 kg.

Regelsysteme	Handregelhydraulik einschl. Lageregelung (Serie), Regelautomatik Pilot (RAP) bzw. Zugwiderstandsregelung (ZWR).

FÜLLMENGEN

Motor	ca. 6,0 l
Hydraulikanlage	ca. 10,5 l
Getriebe	ca. 25,5 l
Kraftstoffbehälter	ca. 55 l
Kühlsystem	ca. 12 l

FRONTLADER

Bauart	HANOMAG Gr. III
Hubkraft am Lasthaken	1000 kg
Hubkraft an der Ladeschwinge	880 kg
Reißkraft	1080 kg
Hubhöhe (Drehpunkt) normal	3,00 m

BEREIFUNG

vorn:	Serie	5.50–16 AS Front
	auf Wunsch	6.00–16 AS Front, 7.50–16 AS Front
hinten:	Serie	9.00–36 AS
	auf Wunsch	11–28 AS, 11–32 AS, 13–28 AS

MASSE, GEWICHTE, DREHZAHLEN

Länge über alles	3420 mm
Breite über alles bei Norm-Spur	1765 mm
Höhe Oberkante, Beifahrersitz bei Serienbereifung	1590 mm
Radstand	2100 mm
Spurweiten, vorn Serie auf Wunsch	1370 mm 1250 / 1370 / 1500 / 1600 / 1700 / 1800 mm
Spurweiten, hinten auf Wunsch auch	1370 / 1380 / 1500 / 1600 / 1720 mm 1250 mm
Kleinster Wenderadius (mit Lenkbremse)	3200 mm
Zapfwellendrehzahl	540/1000 U/min
Betriebsgewicht bei Serienausrüstung	2070 kg

Abbildungen und technische Angaben unverbindlich.

Änderungen vorbehalten.

Neun Vorwärts- und drei Rückwärtsgänge mit einer Mindest-Dauerkriechgang-Geschwindigkeit im Ersten von 0,8 km/h...

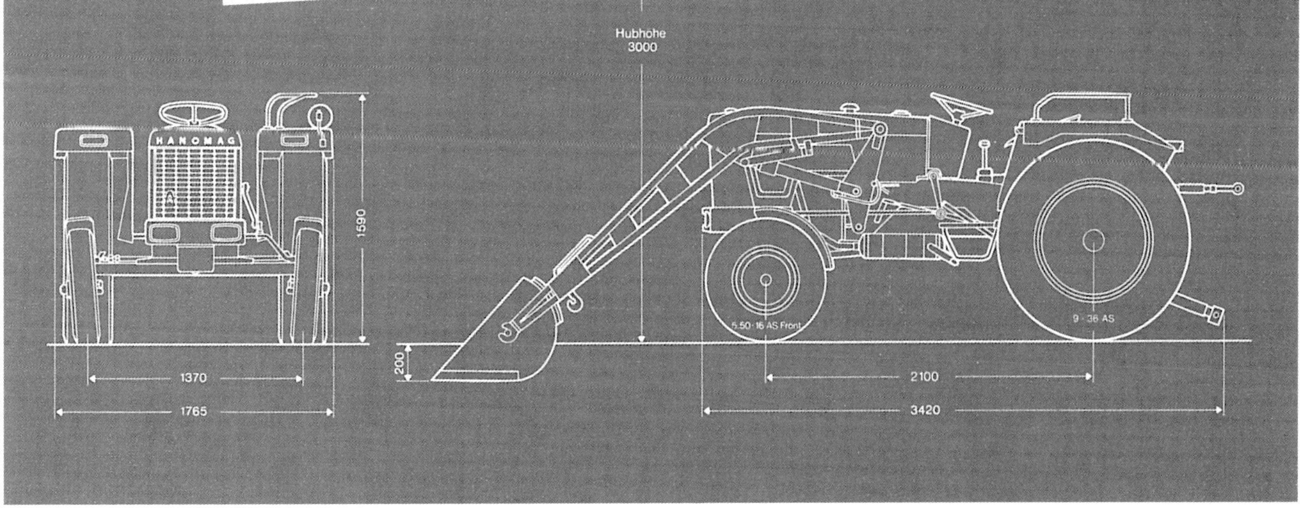
HANOMAG
1590
Hubhöhe
3000
200
1370
1765
5.50-16 AS Front
9-36 AS
2100
3420

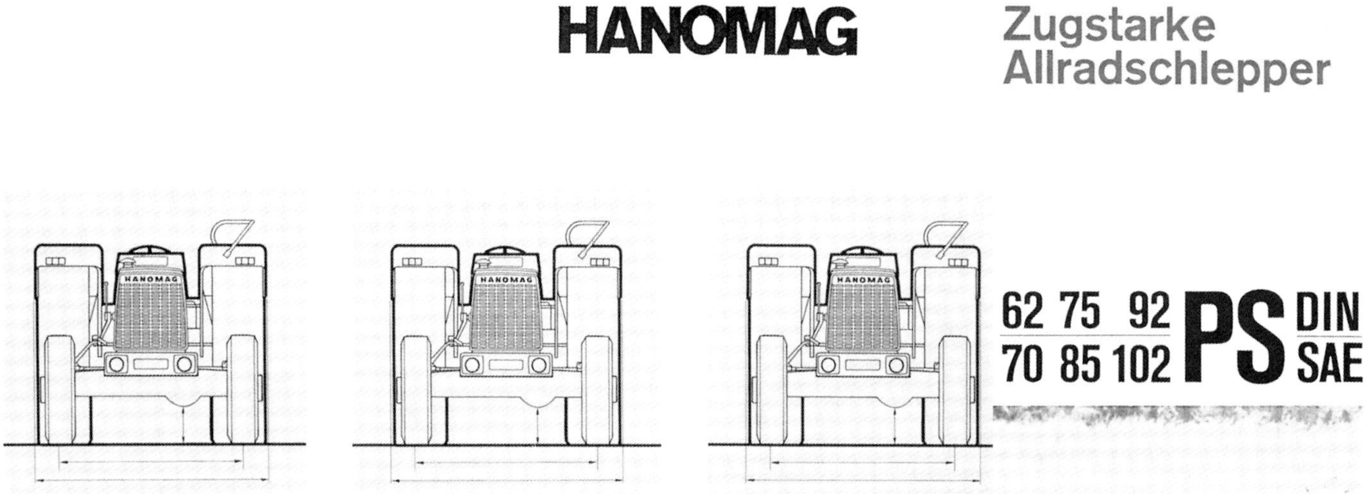
HANOMAG
Zugstarke
Allradschlepper
62 75 92 PS DIN
70 85 102 PS SAE

HANOMAG

1967 kam Hanomag mit einem in der Motorisierung erweiterten, richtungweisenden Allradprogramm auf den Markt.

Die ab 1967 angebotenen Allrad-Schlepper Brillant und Robust mit ihren technischen Daten.

Allradschlepper Brillant 600 A
Aufbau

Aufbau vie Brillant 600, jedoch mit ausziehbarem Frontgewicht. Und dazu:

Hydraulische Lenkung	ZF-Spindel-Hydro-Lenkung
Frontantrieb	Frontgetriebene Lenkachse ZF-AL 1550
Motor	wie Brillant 600
Kupplung	wie Brillant 600
Hydraulik	wie Brillant 600
Füllmengen	wie Brillant 600

Maße, Gewichte Drehzahlen

Länge über alles	3750 mm
Breite über alles bei Normalspur	1950 mm
Höhe Oberkante Beifahrersitz bei Serienbereifung	1870 mm
Spurweite vorn	1550 mm
Spurweite hinten	1500/1600/1720/1840/1960 mm
Radstand	2245 mm
Geringste Bodenfreiheit	260 mm
Betriebsgewicht bei Serienausrüstung	3535 kg
Zapfwellendrehzahl	540/1000 U/min

Frontlader wie Brillant 600

Bereifung
vorn: Serie 10.5–18 AS Front
auf Wunsch 12.5–20 AS Front
hinten: Serie 14–30 AS
auf Wunsch 15–30 AS, 15.5–38 AS

Geschwindigkeiten
bei Bereifung 14–30 AS
(von 1/2 bis Nenndrehzahl)

1. Gang	0,8– 1,6 km/h
2. Gang	1,1– 2,3 km/h
3. Gang	1,5– 3,0 km/h
4. Gang	2,0– 4,1 km/h
5. Gang	2,5– 5,0 km/h
6. Gang	3,5– 7,0 km/h
7. Gang	4,7– 9,4 km/h
8. Gang	6,3–12,7 km/h
9. Gang	5,0–10 km/h
10. Gang	7,0–14 km/h
11. Gang	9,4–20 km/h
12. Gang (Schnellgang)	12,8–25,5 km/h

Für den Einsatz des serienmäßig gesperrten Schnellganges ist die Erfüllung der gesetzlichen Bestimmungen einschließlich Schnellgang-Sonderausstattung erforderlich.

1. Rückwärtsgang	1,5– 3,1 km/h
2. Rückwärtsgang	4,7– 9,5 km/h
3. Rückwärtsgang	9,5–19,0 km/h

Abbildungen und technische Angaben unverbindlich. Änderungen vorbehalten.

Allradschlepper Brillant 700 A
Aufbau

Aufbau wie Brillant 700 und dazu:

Hydraulische Lenkung	ZF-Spindel-Hydro-Lenkung
Frontantrieb	Frontgetriebene Lenkachse ZF-AL 1550
Motor	wie Brillant 700
Kupplung	wie Brillant 700
Hydraulik	wie Brillant 700
Füllmengen	wie Brillant 700

Maße, Gewichte Drehzahlen

Länge über alles	3990 mm
Breite über alles bei Normalspur	2015 mm
Höhe Oberkante Beifahrersitz bei Serienbereifung	1910 mm
Spurweite vorn	1645 mm
Spurweite hinten	1500/1600/1720/1840/1960 mm
Radstand	2475 mm
Geringste Bodenfreiheit	320 mm
Betriebsgewicht bei Serienausrüstung	3820 kg
Zapfwellendrehzahl	540/1000 U/min

Frontlader wie Brillant 700

Bereifung
vorn Serie 12.5–20 AS Front
auf Wunsch 9 –24 AS Front
10 –24 AS Front
hinten Serie 15–30 AS
auf Wunsch
15.5–38 AS, 14–34 AS, 15–34 AS

Geschwindigkeiten
bei Bereifung 15–30 AS
(von 1/2 bis Nenndrehzahl)

1. Gang	0,8– 1,6 km/h
2. Gang	1,2– 2,4 km/h
3. Gang	1,6– 3,2 km/h
4. Gang	2,2– 4,3 km/h
5. Gang	2,6– 5,2 km/h
6. Gang	3,7– 7,3 km/h
7. Gang	5,0– 9,9 km/h
8. Gang	6,7–13,4 km/h
9. Gang	5,3–10,5 km/h
10. Gang	7,5–15,0 km/h
11. Gang	9,9–20,0 km/h
12. Gang (Schnellgang)	13,6–27,2 km/h

Für den Einsatz des serienmäßig gesperrten Schnellganges ist die Erfüllung der gesetzlichen Bestimmungen einschließlich Schnellgang-Sonderausstattung erforderlich.

1. Rückwärtsgang	1,6– 3,2 km/h
2. Rückwärtsgang	5,0–10,0 km/h
3. Rückwärtsgang	10,0–20,1 km/h

Abbildungen und technische Angaben unverbindlich. Änderungen vorbehalten.

Allradschlepper Robust 900 A
Aufbau

Aufbau wie Robust 900 und dazu:

Hydraulische Lenkung	ZF-Spindel-Hydro-Lenkung
Frontantrieb	Frontgetriebene Lenkachse ZF-APL 3050
Motor	wie Robust 900
Kupplung	wie Robust 900
Hydraulik	wie Robust 900
Füllmengen	wie Robust 900

Maße, Gewichte Drehzahlen

Länge über alles	3990 mm
Breite über alles bei Normalspur	2015 mm
Höhe Oberkante Beifahrersitz bei Serienbereifung	1910 mm
Spurweite vorn	1645 mm
Spurweite hinten	1500/1600/1720/1840/1960 mm
Radstand	2475 mm
Geringste Bodenfreiheit	320 mm
Betriebsgewicht bei Serienausrüstung	4030 kg
Zapfwellendrehzahl	540/1000 U/min

Frontlader wie Robust 900

Bereifung
vorn Serie 12.5–20 AS Front
auf Wunsch 9 –24 AS Front
10 –24 AS Front
hinten Serie 15–30 AS
auf Wunsch
15.5–38 AS, 14–34 AS, 15–34 AS

Geschwindigkeiten
bei Bereifung 15–30 AS
(von 1/2 bis Nenndrehzahl)

1. Gang	0,8– 1,6 km/h
2. Gang	1,2– 2,4 km/h
3. Gang	1,6– 3,2 km/h
4. Gang	2,2– 4,3 km/h
5. Gang	2,6– 5,2 km/h
6. Gang	3,7– 7,3 km/h
7. Gang	5,0– 9,9 km/h
8. Gang	6,7–13,4 km/h
9. Gang	5,3–10,5 km/h
10. Gang	7,5–15,0 km/h
11. Gang	9,9–20,0 km/h
12. Gang (Schnellgang)	13,6–27,2 km/h

Für den Einsatz des serienmäßig gesperrten Schnellganges ist die Erfüllung der gesetzlichen Bestimmungen einschließlich Schnellgang-Sonderausstattung erforderlich.

1. Rückwärtsgang	1,6– 3,2 km/h
2. Rückwärtsgang	5,0–10,0 km/h
3. Rückwärtsgang	10,0–20,1 km/h

Abbildungen und technische Angaben unverbindlich. Änderungen vorbehalten.

RHEINSTAHL
HANOMAG
HANNOVER

Allrad - 50 - 3. 69 - SchmüLö

Allradschlepper wirtschaftliche Spezialschlepper

Vier Räder ziehen durch dick und dünn . . .

Extrem schwierige Arbeitsbedingungen in der Landwirtschaft und alle Spezialarbeiten im Forst und bei der Ödlandkultivierung erfordern Spezialschlepper. Sie müssen in Technik und Leistung auf die besonderen Arbeitsverhältnisse zugeschnitten sein.
Diese Schlepper bietet HANOMAG mit den Allradschleppern Brillant 600 A, Brillant 700 A und Robust 900 A.

Schmierige, aufgeweichte und wenig tragende Böden lassen sich mit HANOMAG-Allradschleppern meistern. Bei eingehängten Frontgewichten ist die Gewichtsverteilung auch für Allradantrieb besonders günstig. Diese Gewichtsverteilung sorgt dafür, daß die Zugkraft voll an den Boden kommt. Bei eingeschaltetem Frontantrieb leisten auch die Vorderräder Zugarbeit. Dabei wird die Möglichkeit von Spurschäden auf ein Minimum reduziert, weil die angetriebenen Vorderräder sich selbst über den Acker ziehen.
Ihr Vorteil: Sie können länger auf Minutenböden arbeiten, erreichen größere Flächenleistungen.

HANOMAG
HM
CN 619

Technisch und optisch kam der Allrad-Schlepper gut an. Aber die Absatzzahlen blieben dennoch gering.

viel Arbeitskomfort...

HANOMAG-Allradschlepper bieten den gleichen Arbeitskomfort wie die zukunftssicheren Schlepper Brillant 600, Brillant 700 und Robust 900. Unter der auch bei angebautem Frontlader nach vorn hochklappbaren Haube sind Motor und Aggregate so übersichtlich angeordnet, daß sie bequem und zeitsparend gewartet werden können. – Das Schlepperheck ist ebenfalls klar gegliedert – ohne die sonst üblichen Ketten und Leitungen. Das höhenverstellbare Zugmaul ist seitlich abzuklappen, damit es nicht bei Arbeiten mit der Dreipunkthydraulik stört.

noch mehr Fahrkomfort...

Auf diesem geräumigen Fahrerstand wird die Arbeit leicht. Sie steigen ungehindert auf und nehmen im körpergerechten Komfort-Schwingsitz Platz. Er gehört zur Serienausstattung und ist verstellbar im schwingungsarmen Raum vor der Hinterachse aufgebaut. So kann er die von der elastisch gelagerten Vorderachse gedämpften Stöße des Bodens richtig abfangen. Die blendfreien Armaturen, die sinnvolle Gruppierung aller Bedienungshebel und die leicht zu bedienenden Pedale garantieren, daß der Allradschlepper auch an langen Arbeitstagen bei schwerer Arbeit ermüdungsfrei gefahren werden kann.

mit hydraulischer Lenkung...

Die HANOMAG-Allradschlepper sind serienmäßig mit hydraulischer Lenkung ausgerüstet. So läßt sich der Schlepper immer – z. B. im schwierigen Gelände oder bei Frontladerarbeiten unter erschwerten Bedingungen – mit einem Finger lenken. Die hydraulische Lenkung wirkt direkt auf die Lenkspindel der Steuersäule. Beschädigung ist so gut wie ausgeschlossen. Sollte die Hydraulik aber einmal ausfallen, so ist der Schlepper immer noch lenkfähig, weil die Lenkung mechanisch betätigt werden kann.

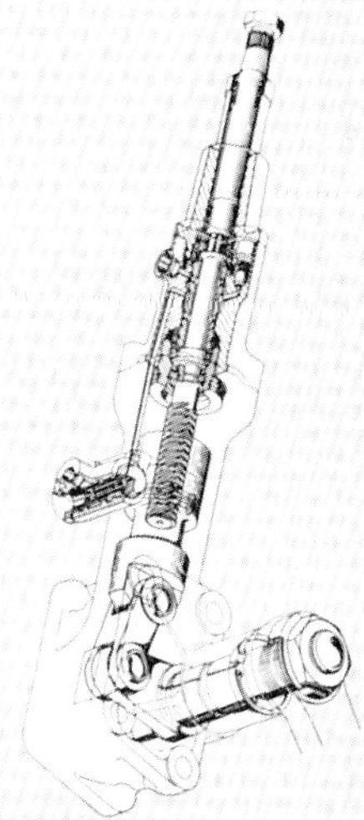

Mit einer Reihe von Finessen wußte der Hanomag Allrad-Schlepper zu überzeugen. Nur die Prospektgraphik gab sich um jene Zeit nicht sehr einfallsreich.

	PS DIN	PS SAE
Brillant 600 A	62	70
Brillant 700 A	75	85
Robust 900 A	92	102

Mit 92 DIN-PS ein Schlepper der Superlative. Zugleich das letzte große Highlight der Ära Hanomag...

Die Stabilität der Allradachse wird bei HANOMAG mit einem Stützdreieck zusätzlich verstärkt. Bei Fahrten im Schnellgang sorgt ein Lenkungsdämpfer für ruhigen Lauf der Vorderräder.

Übrigens: Oft genug kommt es auf einen ausgezeichneten Bremseffekt an. Die hydraulischen Bremsen der HANOMAG-Schlepper der schweren Klasse haben eine starke Verzögerung. Sie wirken auf die Vorgelegewelle des Endantriebes, bremsen also die Antriebskraft des Motors schon vor der Hinterachse ab. Das bedeutet für Sie: Sicherheit. – Diese Anordnung der Bremsen ist im übrigen für die Wartung vorteilhaft. Sie können jederzeit gepflegt werden. Eine Demontage der Räder und Achstrichter ist hierfür überflüssig. Auch das gehört zum HANOMAG-Bedienungskomfort.

Der Allradantrieb nutzt die enorme Motorkraft und Zugstärke der zukunftssicheren HANOMAG-Schlepper der schweren Klasse noch besser aus, wenn extrem schwierige Arbeitsbedingungen vorhanden sind. – Ob aufgeweichte, schmierige oder wenig tragende Böden, ob im Frost oder im Ödland, ob im Gebirge oder auf vereisten Straßen – ein HANOMAG-Allradschlepper ist immer richtig. Verlangen Sie deshalb von Ihrem HANOMAG-Fachhändler eine Vorführung in Ihrem Betrieb. Nehmen Sie den HANOMAG-Allradschlepper hart ran, damit er zeigt, was er kann. Wir sind sicher, seine Leistung überzeugt.

WD Deutsche Kraftpfluggesellschaft, Berlin 1912-1935

Bauzeit	Typenbezeichnung	Leistung in PS	Motor	Zylinder
1912 - 21	WD Großpflug	80	Mehrstoffmotor	4
1921 - 24	WD Kleinpflug	35	Benzin, Petrol., Benzol	4
1919 - 31	WD Kettenschlepper Z 25	25	Mehrstoffmotor	4
1921 - 31	WD Kettenschlepper Z 50	50	Benzin, Petrol., Benzol	4
1924 - 25	WD Schlepper R 26	26	Mehrstoffmotor	4
1925 - 35	WD Schlepper R 28/32	28/32	Benzin, Petrol., Benzol	4

Diesel-Schlepper für Acker und Straße 1931-1951

Bauzeit	Typenbezeichnung	Leistung in PS	Motor	Zylinder
1931 - 36	Ackerschlepper RD 36	36	D 52	4
1931 - 36	Zugmaschine RD 36	36	D 52	4
1933 - 34	Radschlepper GR 50	50	D 52	4
1934 - 38	Ackerschlepper AR 50	50	D 52	4
1934 - 38	Radschlepper GR 50	50	D 52	4
1935 - 38	Ackerschlepper AGR 50	50	D 52	4
1935 - 38	Radschlepper AGR 50	50	D 52	4
1935 - 38	Zugmaschine R 50/RS 50	50	D 52	4
1936 - 41	Ackerschlepper R 38/45	38/45	D 52	4
1936 - 41	Radschlepper AR 38/45	38/45	D 52	4
1936 - 41	Radschlepper AGR 38	38	D 52	4
1936 - 41	Straßenzugmaschine SR 38/45	38/45	D 52	4
1936 - 41	Straßenzugmaschine SR 45	45	D 52	4
1931 - 33	Raupenschlepper K 35/40	40	D 52	4
1933	Raupenschlepper KD 48	48	D 52	4
1933 - 41	Raupenschlepper K 50	50	D 52	4
1933 - 45	Raupenschlepper K 50 E	50	D 52	4
1938 - 42	Raupenschlepper K 50 H	50	D 52	4
1941 - 43	Raupenschlepper K 50	42	D 57 Holzgas	4
1948 - 51	Raupenschlepper KV 50	50	D 52	4

Übersicht aller Hanomag-Schleppper 1912-71

Zugmaschinen 1933-1974

Bauzeit	Typenbezeichnung	Leistung in PS	Motor	Zylinder
1933 - 41	Schnelltransporter SS 55	55	D 52	4
1933 - 41	Sattelschlepper SSA 55	55	D 52	4
1936 - 37	Schnelltransporter SS 100 Gigant	100	D 85	6
1936 - 37	Sattelschlepper SSA 100 Gigant	100	D 85	6
1937 - 41	Schnelltransporter SS 100 N	100	D 85	6
1937 - 45	Schnelltransporter SS 100 LN	100	D 85	6
1937 - 41	Sattelschlepper SSA 100 N	100	D 85	6
1937 - 41	Kleinzugwagen SS 20	19,8	D 19	4
1937 - 49	Bauernschlepper RL 20	19,8	D 19	4
1941 - 45	Schnelltransporter SS 60 L	60	D 52	4
1941 - 45	Sattelschlepper SS 60 LA	60	D 52	4
1941 - 45	Schnelltransporter SS 100 NH/NWH	80	D 93 Holzgas	4
1945 - 51	Schnelltransporter ST 100 (W)	100	D 85 S	6
1947 - 50	Kleinzugwagen ST 20	19,8	D 19	4
1957 - 60	L 28 Enser	50	D 28 L	4
1960 - 62	Kurier Enser	50/60	D 28 L	4
1965 - 66	AL 28 Enser	70	D 28 LA	4
1967 - 74	F 45/75	65/80	D141 L2/D 142L2	4

Der R 40 und seine Nachfolger 1942-1964

Bauzeit	Typenbezeichnung	Leistung in PS	Motor	Zylinder
1942 - 51	Radschlepper R 40 A/B	40	D 52	4
1942 - 48	Radschlepper R 40 G/J	40	D 52 Benzin	4
1943 - 45	Radschlepper R 40 H/F	40	D 57 Holzgas	4
1948 - 51	Radschlepper R 40 Standard	40	D 52	4
1948 - 51	Radschlepper R 40 C	40	D 52	4
1950 - 57	Radschlepper R 45 S	45	D 57 - R 45	4
1951 - 57	Radschlepper R 45 A/AE-B/BE	45	D 57 - R 45	4
1955 - 57	Radschlepper R 55 C	55	D 57 - R 55	4
1955 - 57	Radschlepper R 55 AT/K	55	D 57 - R 55	4
1957 - 58	Radschlepper R 445 E	45	D 57 - R 445	4
1957 - 58	Radschlepper R 445 E/S	45	D 57 - R 445	4
1957 - 58	Radschlepper R 455 E	55	D 57 - R 455	4
1957 - 64	Radschlepper R 455/R 460 AT/K	55/60	D 57	4
1958 - 61	Radschlepper R 450/E	50	D 57 - R 450	4
1960 - 64	Radschlepper R 460/L	58/60	D 57 - R 460	4

Bauzeit	Typenbezeichnung	Leistung in PS	Motor	Zylinder
1960 - 64	Radschlepper R 460 S	60	D 57 - R 460 S	4
1951 - 57	Raupenschlepper K 55	55	D 57	4
1951 - 57	Raupenschlepper K 55 E	55	D 57	4
1951 - 57	Raupenschlepper K 55 S	55	D 57	4
1951 - 62	Raupenschlepper K 90	90	D 93	6
1956 - 59	Raupenschlepper K 60 A	60	D 721 (Zweitakt)	2
1959 - 62	Raupenschlepper K 65 A 5	65	D 721 (Zweitakt)	2
1959 - 62	Raupenschlepper K 65 E	65	D 721 (Zweitakt)	2

Vom R 25 zur Zweitakt-Ära 1949-1962

Bauzeit	Typenbezeichnung	Leistung in PS	Motor	Zylinder
1949 -	Radschlepper R 25 A/B	20 / 25	D 19 - R 25	4
1949 - 51	Radschlepper R 25 C/D	25	D 28	4
1951 - 57	Radschlepper R 16 A/B	16	D 14 S	2
1951 - 57	Radschlepper R 22	22	D 21 S	3
1951 - 53	Radschlepper R 22 RC	22	D 21 S	3
1951 - 53	Radschlepper R 28 A/B	28	D 28 S - R 28	4
1951 - 53	Radschlepper R 28 RC	28	D 28 S	4
1951 - 53	Radschlepper R 28 N	28	D 28	4
1951 - 53	Radschlepper R 28 S	28	D 28 S	4
1953 - 57	Radschlepper R 19	19	D 14 - R 19	2
1953 - 57	Radschlepper R 27	27	D 21 - R 27	3
1953 - 57	Radschlepper R 27 RC	27	D 21 - R 27	3
1953 - 56	Radschlepper R 35 A/B	35	D 28 - R 35	4
1953 - 56	Radschlepper R 35 RC	35	D 28 - R 35	4
1956	Radschlepper R 35 S	35	D 28 - R 35 St	4
1954 - 57	Radschlepper R 35/45	35/45	D 28 LA-R 35/45	4
1953 - 58	Radschlepper R 12/112	12	D 611 S (Zweitakt)	1
1955 - 57	Radschlepper R 24	24	D 621 S (Zweitakt)	2
1956 - 57	Radschlepper R 18	18	D 621-R 18 (Zweitakt)	2
1957 - 60	Radschlepper C 112	12	D 611 S (Zweitakt)	1
1957 - 59	Radschlepper C 218	18	D 621-C 218 (Zweitakt)	2
1957 - 62	Radschlepper C 224	24	D 621 S (Zweitakt)	2
1959 - 60	Radschlepper C 220	20	D 621-C 220 (Zweitakt)	2
1957 - 59	Radschlepper R 217	17	D 14-R 217	2
1957 - 59	Radschlepper R 217 E	19	D 14-R 217 E	2
1957 - 59	Radschlepper R 324	24	D 21-R 324	3
1957 - 59	Radschlepper R 324 E	27	D 21-R 324 E	3

Übersicht aller Hanomag-Schleppper 1912-71

Bauzeit	Typenbezeichnung	Leistung in PS	Motor	Zylinder
1957 - 60	Radschlepper R 435 A/B	35	D 28-R 435	4
1957 - 60	Radschlepper R 435 RC	35	D 28 R 435	4
1957 - 61	Radschlepper R 435 Frank	35	D 28-R 435	4
1957 - 60	Radschlepper R 435 S	35	D 28-R 435	4
1957 - 60	Radschlepper R 435/45	35/45	D 28 LA-R 435/45	4
1959 - 62	Radschlepper R 217 S	19	D 14-R 217 S	2
1959 - 62	Radschlepper R 324 S	27	D 21-R 324 S	2

Schlepper mit Allrad-Technik 1960-1970/71

Bauzeit	Typenbezeichnung	Leistung in PS	Motor	Zylinder
1960 - 62	Radschlepper C 115 Greif	14	D 611 C 115	1
1960 - 62	Radschlepper R 442 Brillant	42	D 28-R 442	4
1960 - 62	Radschlepper R 442/50 Robust	42/50	D 28-R 442/50	4
1961 - 62	Radschlepper R 332 Granit	32	D 21-R 332	3
1961 - 62	Radschlepper Granit 32 Frank	32	D 21-R 332	3
1962 - 64	Radschlepper Perfekt 300	25	D 14-CR	2
1962 - 64	Radschlepper Granit 500	38	D 21-CR	3
1962 - 67	Radschlepper Brillant 600 / S	50	D 28 CR	4
1963 - 64	Radschlepper Perfekt 400	32	D 301 R 1	4
1963 - 66	Radschlepper Granit 500 / S	40	D 21 CR 1	3
1964 - 66	Radschlepper Perfekt 301	25	D 301 R 2	4
1964 - 68	Radschlepper Perfekt 401	32	D 301 R 1	4
1964 - 69	Radschlepper Robust 800 / S	75	D 941 R	4
1966 - 68	Radschlepper Granit 500/1 (S)	40	D 21 CR 1	3
1966 - 68	Radschlepper Perfekt 301	27	D 301 R 5	4
1967 - 68	Radschlepper Perfekt 400 E (S)	34	D 301 R 4	4
1967 - 69	Radschlepper Granit 500 E (S)	48	D 132 R	3
1968 - 69	Radschlepper Granit 501 (S)	40	D 131 R	3
1968 - 70	Radschlepper Perfekt 400 E (S)	34	D 131 R 1	3
1969 - 70	Radschlepper Granit 501 (S)	40	D 132 R 1	3
1969 - 70	Radschlepper Granit 501 E (S)	48	D 132 R 2	3
1967 - 69	Radschlepper Brillant 601/601 A	58	D 142 R	4
1967 - 69	Radschlepper Brillant 700/700 A	68	D 161 R	6
1967 - 69	Radschlepper Robust 900/900 A	85	D 162 R	6
1969 - 70/71	Radschlepper Brillant 601 l/601 LA	62	D 142 R 4	4
1969 - 70/71	Radschlepper Brillant 701/701 A	75	D 161 R	6
1969 - 70/71	Radschlepper Robust 901/901 A	92	D 162 R	6

Hanomag-Nachrichten, Jahrgänge 1913, 1919
Däbritz / Metzeltin: Hundert Jahre Hanomag, 1935
Mitteilungen der DLG, Heft 38, 1952
Rheinstahl-Hanomag-Dokumentation, 1965
Walter Sack: Alle Traktoren von Hanomag, 1992
Privates Werbearchiv der Hanomag IG / H.-D. Görg

HANOMAG

Die frühen Hanomag-Werbegraphiken sind zeitlos ansprechend, so daß sie auch heute noch – und nicht nur von der Hanomag Interessengemeinschaft für historische Fahrzeuge – gerne als Blickpunkt genutzt werden.

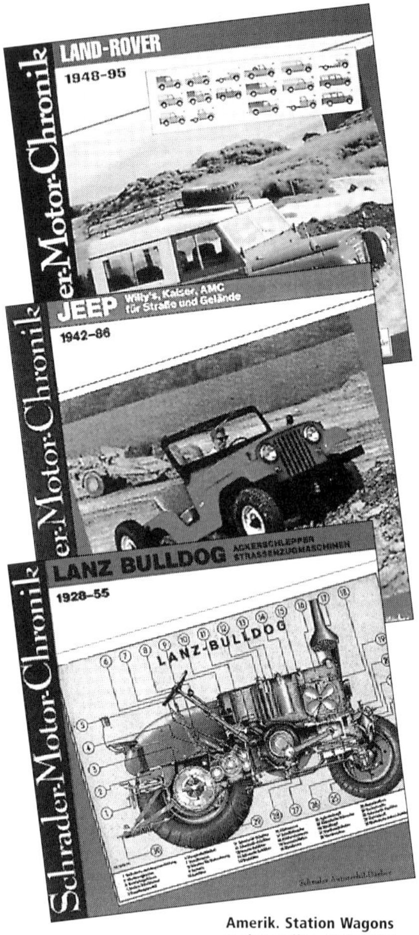
LAND-ROVER
1948–95
JEEP
Willy's, Kaiser, AMC
für Straße und Gelände
1942–86
LANZ BULLDOG
ACKERSCHLEPPER
STRASSENZUGMASCHINEN
1928–55
LANZ-BULLDOG
Schrader-Motor-Chronik

Schrader-Motor-Chronik

Die einmalige Reihe über Oldtimer

Interessante Dokumentationen in Faksimiles, zusammengestellt anhand zeitgenössischen Werbe- und Pressematerials in Schwarzweiß und Farbe. Jeder Band enthält eine Fülle von Abbildungen, technischen Angaben und Daten, basierend auf authentischen Werksveröffentlichungen.

Lanz Bulldog – Ackerschlepper, Straßenzugmaschinen, 1928-1955
96 S., 120 Abb., geb.
Bestell-Nr. 87056
ISBN 3-613-87056-8

Jeep, Willy's, Kaiser, AMC 1942-1986
96 S., 118 Abb., geb.
Bestell-Nr. 87029
ISBN 3-922617-29-8

Land-Rover 1948-1995
96 S., 104 Abb., geb.
Bestell-Nr. 87140
ISBN 3-613-87140-8

Amerik. Station Wagons und Woodies, 1938-1960
96 S., 125 Abb., geb.
Bestell-Nr. 87124
ISBN 3-921796-24-5

Audi 50 · 60 · 75 · 80 · 90 · 100, 1965-1980
96 S., 120 Abb., geb.
Bestell-Nr. 87152
ISBN 3-613-87152-1

Citroën 2 CV, Dyane, Ami 6/8, Méhari, 1948-1986
96 S., 110 Abb., geb.
Bestell-Nr. 87040
ISBN 3-922617-40-9

Deutsche Autos der Extraklasse, 1952-1992
96 S., 134 sw-Abb., geb.
Bestell-Nr. 87137
ISBN 3-613-87137-8

Fiat Sportwagen, Coupés und Spider, 1948-1986
96 S., 120 Abb., geb.
Bestell-Nr. 87039
ISBN 3-922617-39-5

BMW Isetta und ihre Konkurrenten, 1955-1962
96 S., 128 Abb., geb.
Bestell-Nr. 87010
ISBN 3-922617-10-7

Chevrolet Corvette 1953-86
96 S., 110 Abb., geb.
Bestell-Nr. 87051
ISBN 3-922617-51-4

Deutsche Hauben-Lastwagen der fünfziger Jahre
96 S., 120 Abb., geb.
Bestell-Nr. 87130
ISBN 3-613-87130-0

Karmann Ghia Coupés und Cabriolets, 1955-1974
96 S., 104 Abb., geb.
Bestell-Nr. 87062
ISBN 3-922617-62-X

MGA, MGB, MGC, Roadster und Coupés, 1955-1981
96 S., 110 Abb., geb.
Bestell-Nr. 87067
ISBN 3-922617-67-0

Fiat 500/600, Topolino, Jagst, Multipla, Weinsberg 1936-1969
96 S., 155 Abb., geb.
Bestell-Nr. 87026
ISBN 3-922617-26-3

Morgan Sport- und Tourenwagen, 1935-1981
96 S., 116 Abb., geb.
Bestell-Nr. 87078
ISBN 3-922617-78-6

NSU Ro 80 und Wankel Spider, 1964-1977
96 S., 116 Abb., geb.
Bestell-Nr. 87049
ISBN 3-922617-49-2

Porsche 911, Targa, Carrera, Cabriolet, 1963-1986
96 S., 142 Abb., geb.
Bestell-Nr. 87027
ISBN 3-613-87027-4

Trabant, 1958-1991
P50, P60, 601, 1,1 Liter
96 S., 120 Abb., geb.
Bestell-Nr. 87145
ISBN 3-613-87145-9

Triumph Spitfire und GT 6 1962-1980
96 S., 120 Abb., geb.
Bestell-Nr. 87095
ISBN 3-922617-95-6

Porsche 356 – 1948-1965
96 S., 122 Abb., geb.
Bestell-Nr. 87041
ISBN 3-922617-41-7

Saab Automobile, Modelle 92 bis 99 und Sonett, 1947-1970
96 S., 113 Abb., geb.
Bestell-Nr. 87106
ISBN 3-921796-06-7

Mercedes-Benz Cabriolets 170 u. 220-280 SE 3.5 V8 1949-1971
96 S., 110 Abb., geb.
Bestell-Nr. 87077
ISBN 3-613-87077-0

Mercedes-Benz Heckflosse 220, 190/200, 230, 300 SE 1959-1965
96 S., 112 Abb., geb.
Bestell-Nr. 87034
ISBN 3-922617-34-4

PREIS PRO BAND
DM 19,80 / sFr 19,80 / öS 145,–

Mercedes-Benz Ponton 180/D, 190/D, 219, 220, 220S/SE, 1953-1962
96 S., 111 Abb., geb.
Bestell-Nr. 87043
ISBN 3-922617-43-3

VW Käfer Cabrio, Karmann Ghia, Rometsch usw. 1949-1980
96 S., 110 Abb., geb.
Bestell-Nr. 87015
ISBN 3-922617-15-8

Triumph TR2-TR8, 1953-1982
96 S., 120 Abb., geb.
Bestell-Nr. 87036
ISBN 3-922617-36-0

VW Käfer Limousinen 1938-78
96 S., 110 Abb., geb.
Bestell-Nr. 87068
ISBN 3-613-87068-1

VW Transporter/Bus 1949-67
96 S., 141 Abb., geb.
Bestell-Nr. 87009
ISBN 3-613-87009-6

Lancia Ardea, Aprilia, Aurelia, Appia, Flaminia, Flavia, Fulvia, 1946-1972
96 S., 120 Abb., geb.
Bestell-Nr. 87097
ISBN 3-922617-97-2

Mini-Austin, Morris, Cooper S, Special, Clubman, 1275 GT, 1959-1983
96 S., 120 Abb., geb.
Bestell-Nr. 87055
ISBN 3-922617-55-7

Schrader Verlag

Postfach 103743
70032 Stuttgart
Telefon (0711) 2108065
Telefax (0711) 2108070

Änderungen in Preis und Lieferfähigkeit vorbehalten